Ⅰ　沢登り．日高山脈札内(さつない)川上流にて．

Ⅱ　北山川上流の瀞峡.

Ⅲ　雪崩斜面の植生. 谷川連峰湯檜曽(ゆびそ)川上流.

Ⅳ　立山の山崎圏谷．中央が大汝山（3015 m）．

Ⅴ　ブレバンの展望台から見たモンブラン（4807 m）．東の針峰がエギーユ・ドゥ・ミディ（3842 m）．

Ⅵ　東から見たチョモランマ(エベレスト, 8848 m). 反対側の斜面とは異なって, 比高 3500 m の氷の壁になっている.

新装ワイド版
自然景観の読み方

山を読む

新装ワイド版

自然景観の読み方

山を読む

小疇 尚

岩波書店

『自然景観の読み方』シリーズは、一九九一年から九四年にかけて小社より刊行されました。この新装ワイド版では、判型を拡大して、あとがきを追加しました。

カット＝浅村彰二「天地想像」より

はじめに

憧れのヒマラヤに初めて行ったとき、最初のうちは毎日が興奮の連続でした。深い谷間の猫の額のようなわずかな緩斜面に点在する村々を結ぶ山道を上下し、さらに氷河が削った広い谷をさかのぼって行くにしたがって、登山記や写真でおなじみの山が次々に姿を現します。予想をはるかに上回るスケールで、氷雪をまとって天空に突き出た鋭く尖った峰と尾根、ヒマラヤ襞と呼ばれる細かい縦の襞をもつ氷壁やおおいかぶさるような垂直の岩壁、いずれも息をのむようなすばらしい景観です。なかでも刻々と色の変化する朝夕の山の眺めは格別です。

しばらくの間はそれを眺めているだけでも楽しかったのですが、氷河をさかのぼり高さが増すにつれて、それらの山々が展開する山岳景観に、何となく違和感を感じるようになりました。最初のうち、美しいと思う一方で違和感をおぼえるのは何故か見当がつかなかったのですが、そのうち薄い空気になれてくると、緑のない岩と氷ばかりの山というのは、普段見慣れている日本の山とは全く別もので、自然の美や驚異を感じても、眺めていると心がなごむといったものではないことに気づきました。さらに登って、岩壁に囲まれた氷河の上のべースキャンプにしばらく滞在している間に違和感は圧迫感に変わり、岩と氷ばかりの山にはあまり親近感がもてなくなってきました。どうやら人を寄せつけない自然の厳しさに圧倒されたのだと思います。

どのような山が美しく、どの山地を好ましいと感じるかは人さまざまでしょうが、よく行く山地や見慣れた山から私達は知らずしらずの間に大きな影響を受けています。緑濃い日本の山地のたたずまいは峻厳なヒマラヤと違って心が安らぎます。山高きが故に尊からずで、人それぞれに懐かしい山や理想の山があり、その名を聞いただけで山の姿が目に浮かぶことと思います。

もっとも、山の形や山地の様子は千差万別で変化に富んでいますし、おなじ山でも見る方角、季節や空模様それに時間によっても見え方が千変万化します。自然の大きな障壁になるような大山脈になるとなおさらです。南のネパールから見るヒマラヤは山また山の一番奥に、ひときわ高く八〇〇〇メートル峰がそびえていますが、北からではそれが最前列になるため、赤茶けたチベットの山々の先に屏風のように連なる一列の白い山なみとしか見えません。しかもそれを眺める高原の高さが四、五〇〇〇メートルもありますから、さほど大山脈という感じはしません。最高峰のエベレスト(中国名チョモランマ)も、見る方向によってはこれが同じ山かと思うほど姿が違います。南からは岩肌が露出した均整のとれた三角形、北からはほとんど雪がついていない大きな不等辺三角形の峰に見えます。しかし東側からのチョモランマは、南や北からの眺めからは想像もできないような、真っ白い雪氷の峰です。

そのような違いがあっても、少し注意して眺めると山の姿にも地域や山地ごとに特徴があって、それが各山脈に固有の性格を与えているのがわかります。たとえば「南アルプスの山は大きくてどっしりしている」と山の好きな人がいうときは、特定の山をさしているのではなく、山地全体をつうじて受ける、山の形態の感覚的な印象を語っていると思ってよいでしょう。それぞれの山地の性格には、「氏」と「育ち」や「年齢」の差が現れています。氏が山地を構成している地質の状態や山の隆起をもたらした地殻変動、育ちが山の置かれた環境とそこに働く山の形を変化させる自然のさまざまな作用、年齢が山地の一生の間の相対的な時間としますと、大きな山地を全体として見たときには氏と年齢の差が、個々の山に近づけば近づくほどどちらかというと氏よりも育ちの方が、それぞれの形態的な特徴によく表れているように思います。

この本では山の地形を、それをつくった自然の諸作用との関係から見ています。つまり「氏より育ち」というわけで、地殻がどのようにして隆起し山地が形成されたのかといった山の氏素性についてはほとんど触れていません。それについてはこのシリーズの別の巻で述べられるはずです。

山を眺め、あるいは山に登って山の自然を観察するのは、ときに苦しみを伴うことがあっても大きな楽しみです。幸い日本には数え切れないほどたくさんの山があり、交通機関の発達したおかげで、日帰りで行ける山の範囲もずいぶん広がりました。そのうえ最近では多くの人々が日本ばかりでなく、海外の山にも出かけています。実際にヒマラヤやアンデスに行かなくても、テレビ番組や写真で世界各地の山の姿に接する機会も増えています。そのようなことから、本文のなかでは日本の山を中心にしながら、よく知られた外国の山も例にあげました。自然の成り立ちに関心をもって山を見、山に登れば楽しみはさらに大きくなると思います。本書が少しでもそのお役にたてば幸いです。

私がこのような本を書くことができるのも、山の調査や山行でお世話になった多くの方々のおかげです。一人一人お名前をあげることはできませんが、この場を借りてお礼申し上げます。

なお、日本の山の高さは国土地理院が今年発表した、日本の主要な山の高さのデータ表によりました。

一九九一年五月二六日

著　者

目次

MAP

1 山の国

山のある風景

日本は国土の三分の二が山地という山の国です。北海道の宗谷岬から南西諸島西端の与那《よな》国《ぐに》島まで延長三千キロメートルに対して、幅は最大でも二百キロメートル少々ですから、ほとんど全国どこからでも山が見えます。多くの街は背後に山をひかえており、平野のただなかでも、彼方に山影を認めないところはまずありません。なかでも形の整った秀麗な山は名山としてあがめられ、絵に描かれ詩歌に詠まれ、民謡や学校の校歌にも歌われて、多くの人々に親しまれています。その代表はもちろん富士山ですが、これに姿の似た山で名前の頭に地方名を冠した郷土の富士も、北海道の利尻《りしり》富士から鹿児島県の薩摩富士まで全国各地にあって、その数は百を超えるといわれています。

山と水のおりなす美しい風景を讃える「山紫水明」という言葉は、もともと京都の東山と鴨川について用いられたものでしたが、それが全国一般に広く通用しているのは、この国では山と川のある風景が普通であり、しかも古くから人々がそれを好ましいものとして尊んできたからでしょう。全国のおもな景勝地を見ると、そのほとんどは山が主体になっていることがわかります。例えば日本の二八の国立公園のなかで、公園の範囲内に山が全く含まれておらず、近くにも山がないのは釧路湿原国立公園ただひとつだけです。しかしここでも湿原の彼方には紫にけむる阿寒の山々が連なっていて、それが湿原の景観を引き立てています。日本の風景は山が基礎になっているといっても言い過ぎではないでしょう。

日本列島の山地の分布を地図に示すと図1のように、山地が国中まんべんなく分布していることがよくわかります。全国の都道府県で海抜千メートル以上の山がないのは京都府、千葉県、沖縄県の三府県にすぎません。反対に平野は限られていて、関東平野だけが例外的に大きく、あとは縮尺の小さな地図で見ると石狩平野、十勝平野、濃尾平野などが目につくていどです。しかも日本の平野の大部分は、周囲を山地に囲まれた盆地状の凹地に、山から川の流れで押し出されてきた土砂が堆積してできた、扇状地や三角州などで構成された平野です。つまり成因からみると、「堆積平野」とよばれるものです。したがって、平野の生みの親は山であり、平野の背後には必ず山があるということになります。

しかし地球全体からみると、太陽が地平線から昇って地平線に沈む真平らな平原の方がは

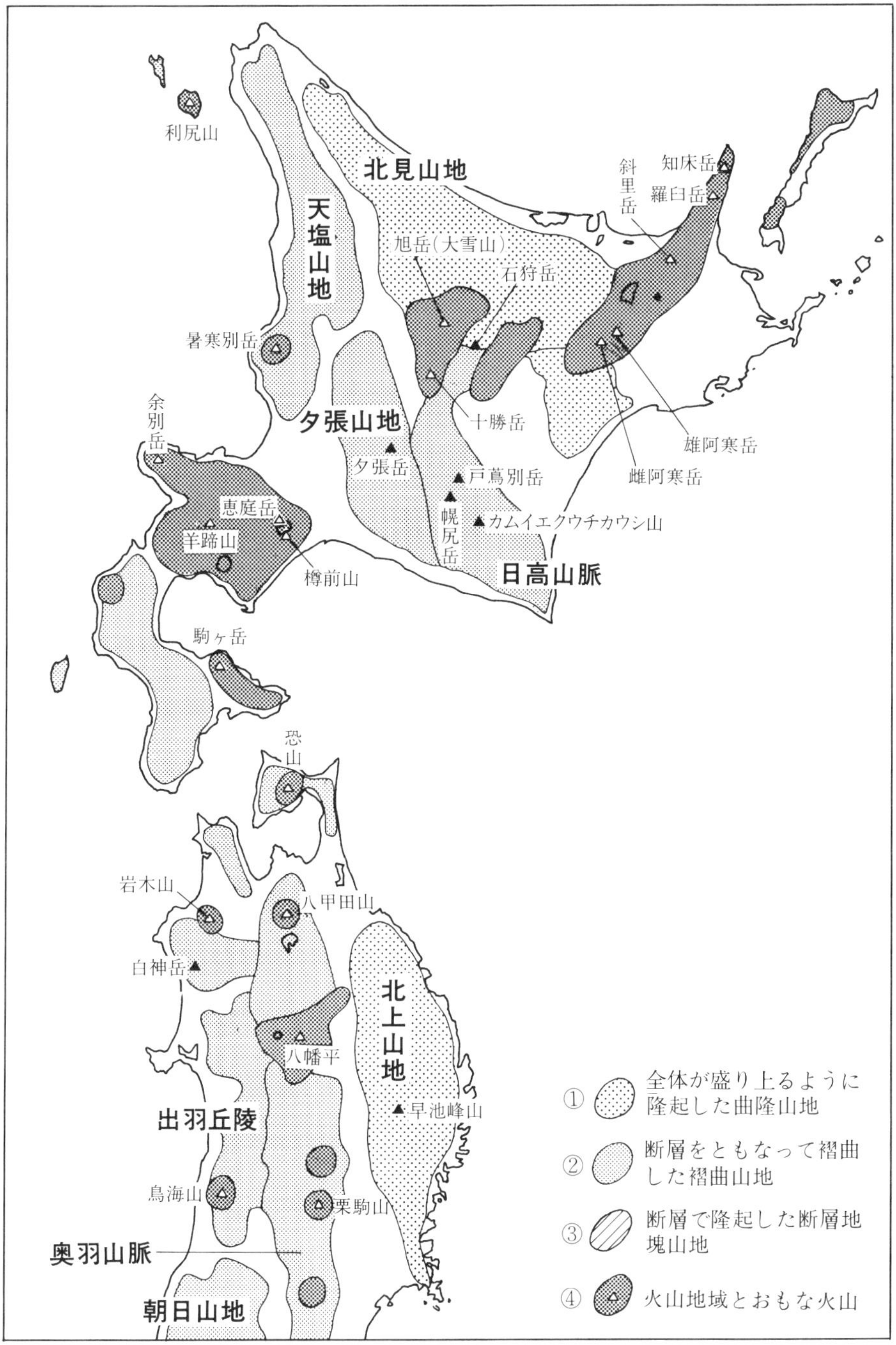

図1　日本の山地．山地が隆起した様式で塗り分けてあります．

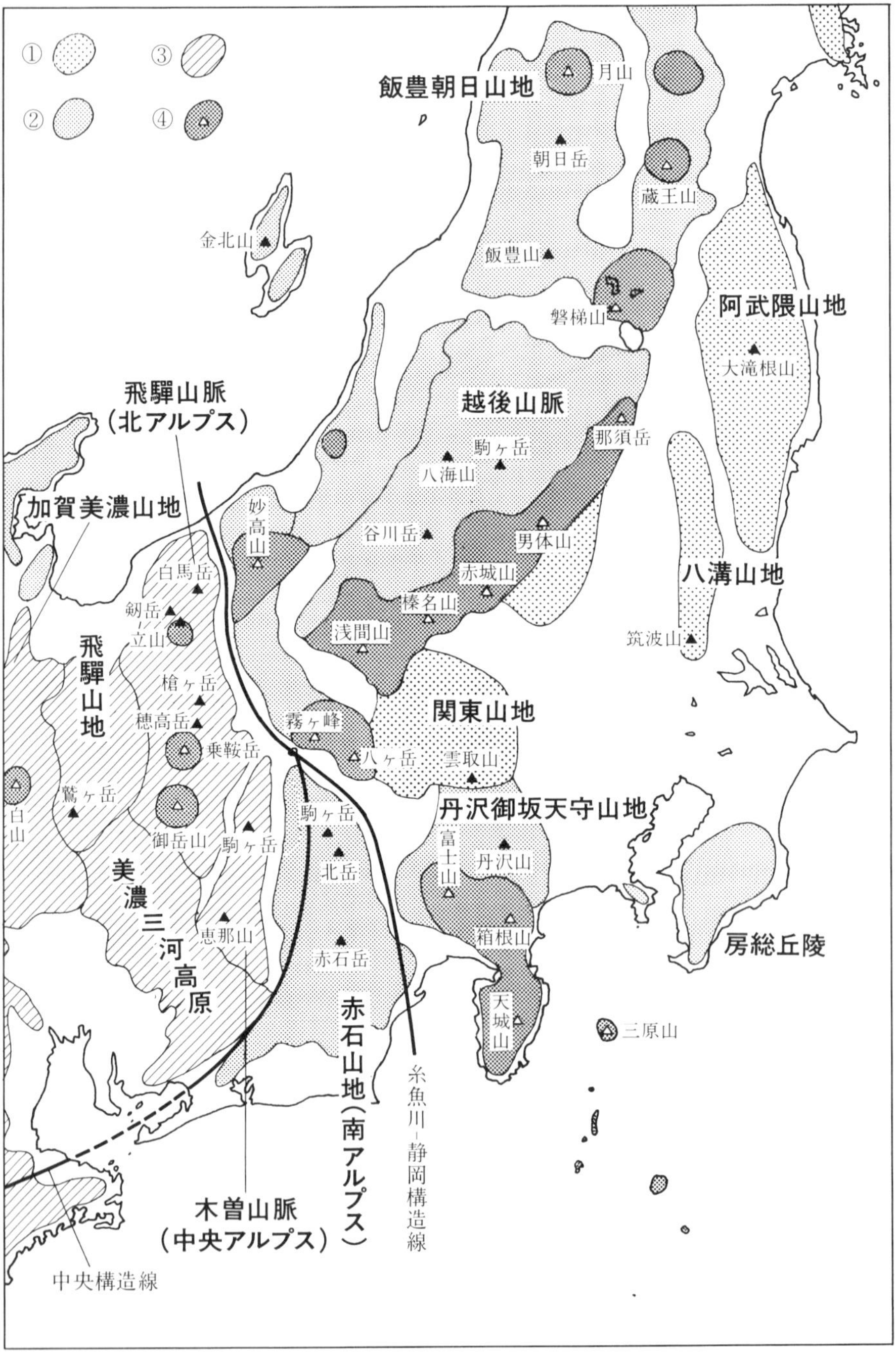
①
②
③
④
飯豊朝日山地
月山
朝日岳
蔵王山
飯豊山
磐梯山
金北山
阿武隈山地
大滝根山
越後山脈
那須岳
駒ヶ岳
八海山
飛驒山脈
(北アルプス)
加賀美濃山地
妙高山
谷川岳
男体山
赤城山
榛名山
浅間山
八溝山地
筑波山
白馬岳
剱岳
立山
飛驒山地
槍ヶ岳
穂高岳
乗鞍岳
霧ヶ峰
八ヶ岳
関東山地
雲取山
白山
鷲ヶ岳
御岳山
駒ヶ岳
駒ヶ岳
北岳
丹沢御坂天守山地
富士山
丹沢山
箱根山
美濃三河高原
恵那山
赤石岳
房総丘陵
天城山
三原山
赤石山地(南アルプス)
糸魚川-静岡構造線
木曽山脈
(中央アルプス)
中央構造線

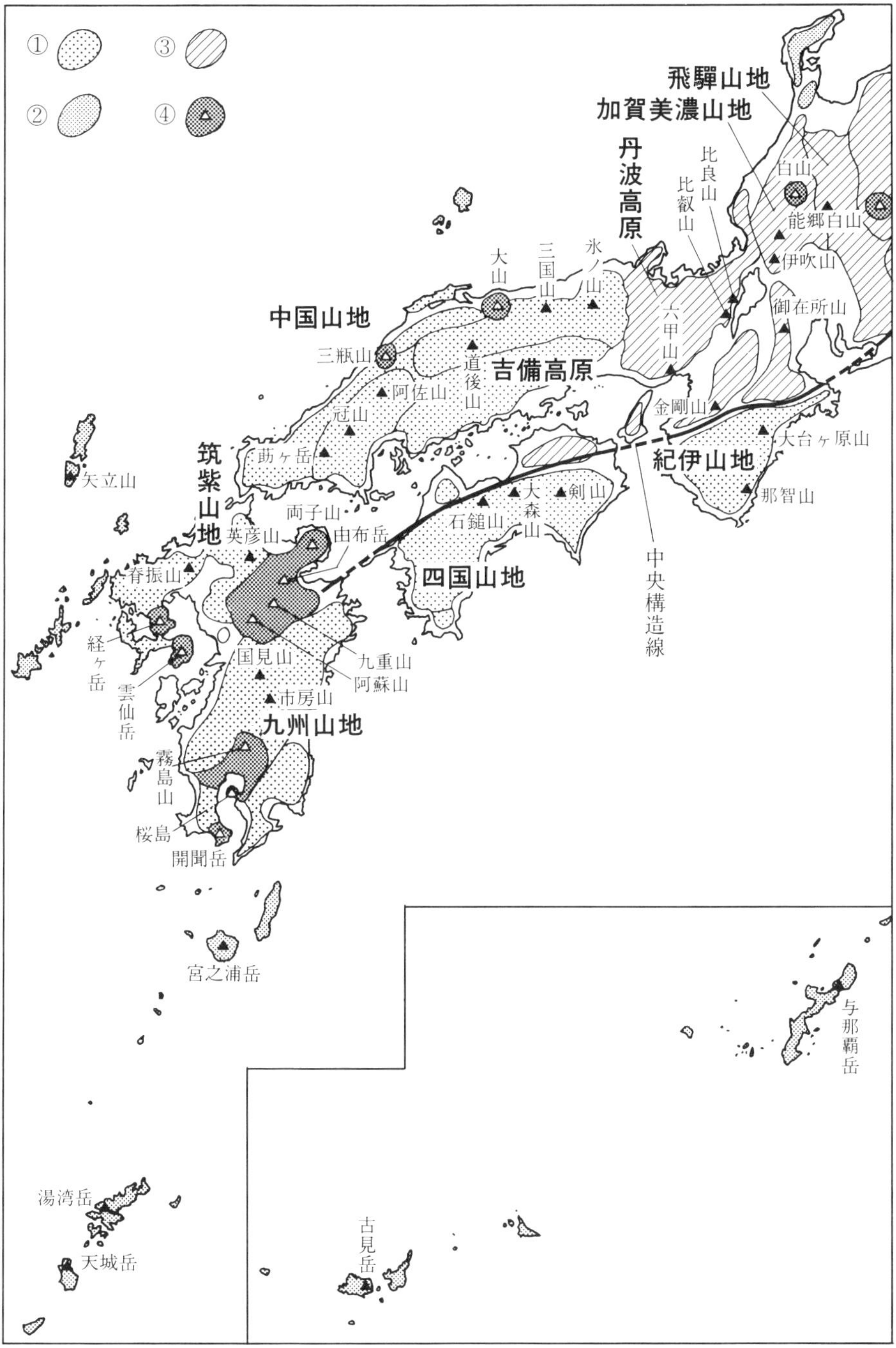
①
②
③
④
飛騨山地
加賀美濃山地
丹波高原
比良山
比叡山
白山
能郷白山
伊吹山
御在所山
大山
三国山
氷ノ山
中国山地
三瓶山
道後山
吉備高原
六甲山
阿佐山
冠山
金剛山
大台ヶ原山
紀伊山地
筑紫山地
莇ヶ岳
矢立山
剣山
大森山
石鎚山
那智山
両子山
英彦山
由布岳
脊振山
四国山地
中央構造線
経ヶ岳
雲仙岳
国見山
九重山
阿蘇山
市房山
九州山地
霧島山
桜島
開聞岳
宮之浦岳
与那覇岳
湯湾岳
天城岳
古見岳

るかに広く、大陸の面積の約六〇パーセントが平野や広大な台地です。長い地質時代をつうじて地殻の変動がなく大地の安定した大陸(安定大陸)の大平野の多くは、もっぱら侵食作用によって大地が削られて平坦になった平野で、「構造平野」といって、土砂の堆積でできた日本の平野とは成因が違っています。つまり安定大陸のカナダや東ヨーロッパなどの大平野は太古の山地の成れの果てである一方、日本の平野は今まさに成長期にある山脈の付属物といってよいでしょう(『平野と海岸を読む』貝塚爽平著参照)。このような大陸の構造平野の場合には、平野の先に必ず山があるとは限りません。一七世紀オランダで花開いた西洋風景画の基本的な構図は、画面を上下に二分する北ドイツ平原の真っ直ぐな地平線と、画面の半分以上を占める雲の湧く広い空です。高まりとして描かれているのは樹木と建物だけで、大地はあくまでも平らです。コンスタブルの描いたイングランドの田園風景にも、おだやかな起伏の丘陵はあっても山を見出すことはできません。テムズ川の水源は最高点が海抜三〇〇メートル余りのコッツウォルド丘陵ですし、ロシアの大地を貫流する母なるボルガ川の源、バルダイ丘陵は最高点が海抜三五〇メートルたらずです。

山の造形

山と水が作り出す日本の複雑で繊細な風景は、ユーラシア大陸の東縁で中緯度の北西太平洋にあるという、日本の地理的位置が大きく関係しています。日本列島のすぐ目の前で太平洋のプレートが沈み込んでいますが、そのプレートに乗って太平洋のはるかかなたからやってきた島だとか、大陸のかけらだとか、海底に堆積していた土砂などがつぎつぎにくっついてできあがったのが日本列島だといわれています(『日本列島の生い立ちを読む』斎藤靖二著参照)。そのプレートはかつては南から北へと動いていて、西南日本にいろいろな陸のかたまりとか土砂がくっついていたのが、あるときからプレートの動く方向が東から西へと変わったと考えられています。そのため大地を隆起させたり沈降させたりする地殻変動が激しく、国土の骨組みを形作る地質構造も大陸のそれに比べて大変複雑で、形成時代や種類、性質の異なる地層や岩体が寄木細工のように寄り集まっています。多くの場合それぞれの寄木の縁は断層で断たれていて、断層を境にして隆起した側が山地、沈降した側が平野や盆地になっています。しかもその間の高さの食い違いが大きくなるような地殻変動が現在もなお続いています。文部省唱歌「汽車」に歌われた「今は山なか、今は浜、今は鉄橋わたるぞと」という、日本の小規模で複雑な箱庭的風景はこのような地質構造に由来しています。

隆起した大地は風雨にさらされて削剥され、時間の経過にともなって姿をかえていきます。山は、隆起した地殻の表面が刻まれてできたいわば大地の彫刻です。彫刻の素材が木、石、金属などさまざまで、作品にはそれぞれの材質の持ち味が生かされているように、山を構成する地質や岩石の性質もさまざまで変化に富んでいて、地形に影響を与えます。地形学では地表の起伏を作っている素材の諸性質、つまり地層や岩石の存在様式、物理的・化学的特性などをひっくるめて「組織」と呼んでいます。また彫刻を刻む道具にも種類があるように、大地を削剝する「作用」も、岩石を脆くして岩屑や土に変える「風化」、それらが崩れたり斜面をずれ動く山崩れや地すべり、川や氷河、波や風が地表の土や岩を削り取る「侵食」などさまざまで、しかもどの作用が強くはたらくかは時と所によって異なります。また、彫刻家が長い時間をかけて作品を完成させていくように、大地もまた時間とともに姿を変えていきます。したがって山の形は、削剝作用、組織、それに削剝作用の働いた時間の長さ、の三つの要因がからまりあって形成されることになります。そのため山地の地形を左右する条件の似通った山地では、互いに山容のよく似た山が形成されて、山地全体としても類似した地形の特性が表れることになります。

降水量の多い日本列島では、山地を流れ下る豊かな水の流れが谷をうがち、山を削る最も基本的な作用ですから、全体としてみると、氷河をまとったヒマラヤやアルプスの山々とは山容が異なっています。しかし、日本列島のなかでも、北海道の山地では降水量が紀伊半島の三分の一以下しかありませんし、日本海側の山地では降水のかなりの部分が雪のかたちでもたらされ、その他の地方でも冬になると高い山には雪が積もります。そのような気候の違いに加えて、山地の隆起の様式や時代などが地域によって異なるため、地形の特徴に山地ごとの違いが生まれることになり、さらに同一の山地内でも場所によって条件が完全に均一ではないため、個々の山の形は千差万別で変化に富むことになります。

山の形はこのように、地域、山地、個別の山というレベルごとにそれぞれ特徴をもち、個性を発揮しています。山に登る楽しみも、山を眺める楽しさも、山それぞれに違いがあるからこそではないでしょうか。

山の装い

温暖湿潤な気候に恵まれて、日本の山は豊かな植物におおわれています。日本では森林が山と同じく国土の約三分の二を占めていますから、山がすなわち森林だといってもあながち間違いではないでしょう。今でも平地で林の残っているところを山と呼ぶことがありますし、何々森という名の山は北海道を除いて全国各地に分布しています。

山では百メートル登るごとに気温が約〇・六度ずつ低下しますから、高さが増すにつれて山肌をおおう植物の種類が変わります。例えば中部地方の高い山では、山麓が常緑の広葉樹林、中腹が落葉広葉樹林、その上部が針葉樹林となり、針葉樹林がつきる「森林限界」から上にはハイマツの群落と高山植物のお花畑が広がります。針葉樹林が分布する高度帯を「亜高山帯」、森林限界から上を「高山帯」ということがあります。このように植物の種類が高さによって異なるため、高さによる植物景観の変化、すなわち「植物の垂直分布帯」が現れます。

南北に細長くのびた日本列島では、南の先島《さきしま》諸島と北海道で年平均気温が二〇度ほども違

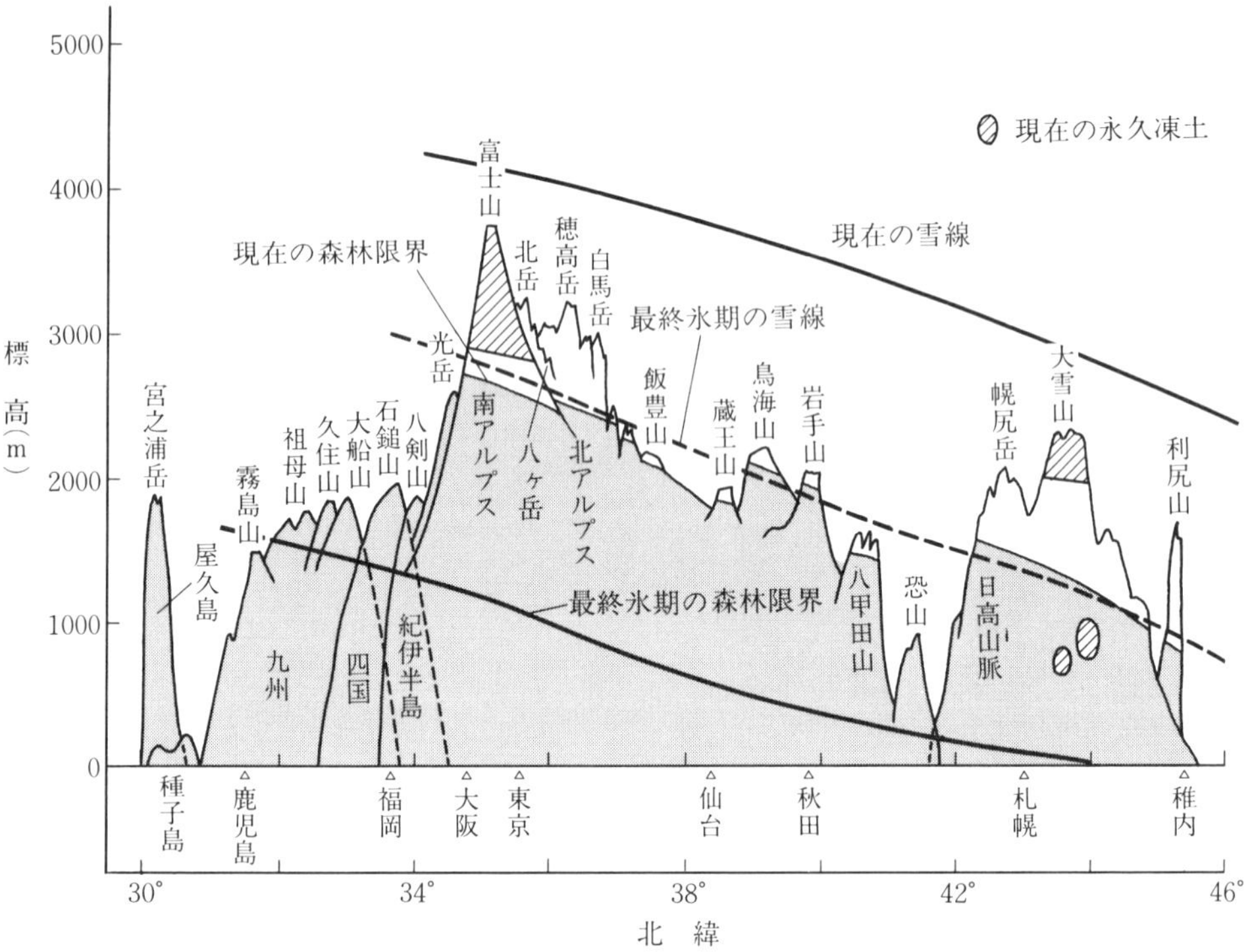

図 2　高さと緯度で変わる山の自然．森林限界の高さは北の山ほど低くなります．この図では，森林限界，雪線（第 6 章参照）について現在と最後の氷期（約 2 万年前）のものを示し，永久凍土は現在の分布です．現在の雪線は気温からの推定で，降雪量については考慮していません．（小疇尚，1986）

い、西表島《いりおもて》では山全体がヤシやヘゴ（木性シダ）を含むうっそうとした亜熱帯の広葉樹林におおわれているのに、知床《しれとこ》半島では山麓がエゾマツ、トドマツの針葉樹林帯で、数百メートルも登るとハイマツの海が山頂付近まで広がっています。緯度方向の温度変化の割合は高さのそれの約千分の一ですから、南北の千キロメートルの隔たりは高さにすると千メートルの違いになり、北海道の山と日本アルプスでは、垂直分布帯の高さがそれぞれ千メートル違います（図２）。南北の温度差ばかりでなく、冬に雪の多い日本海側と晴天の続く太平洋側とでも山の植物に違いがあるなど、森林の樹種は地方によってさまざまですが、日本の山地を最も広くおおっているのは、落葉広葉樹林とそれに針葉樹の混じった混交林です（『森を読む』大場秀章著参照）。

落葉広葉樹林は春の花と新緑、夏の濃緑、秋の紅葉、葉を落とした冬木立と、季節の推移にともなって姿を変え、それにつれて山の眺めも変化します。とくに秋の紅葉の時期には、樹によって葉が黄色になるもの紅色になるものなどさまざまで、なかに濃い緑の針葉樹も混じって、山はまさに錦をまとったような華やかな装いをみせます。しかも新緑や花は南から北へ、山麓から山上へと、紅葉は北から南へ、山の上から麓へと、時間とともに移り変わって目を楽しませてくれます。落葉広葉樹林はヨーロッパや中国にも広く分布していますが、葉が真っ赤になる紅葉の山は、日本のほかには中国東部から朝鮮半島の一部と、アパラチア山脈からカナダ東南部の北アメリカの東部にしかない貴重な存在です。

四季の別は日ざしの強弱、空の色、雲の形、雨の降り方にも表れ、それが山の見え方や山の風景の背景となる空間に変化を与えます。春の山は春霞の中にシルエットとなって浮かび、夏の山は雲と高さを競い、台風一過の山は山肌の一つ一つまでくっきりと意外に近く見え、秋の山は澄み切った青空に初雪と紅葉が映え、雪国の冬の山は低く垂れ込めた雪雲につつまれて墨絵のような印象を与えます。このように日本の山は、四季折々に装いを改め、同じ山でも季節によって全く別の姿を見せてくれます。

山の眺め・山からの眺め

美しい風景や清々しい自然に接するのは楽しいことです。ことに素晴らしい自然の景観は、見る人に深い感動を与えます。自然景観は大地の表面に展開しているさまざまな自然現象が織りなす眺めですから、地表の形態つまり地形がそれを構成している最も基本的な要素で、それに針葉樹林や落葉広葉樹林、灌木林、草原などといった植生がつくる全体的な眺めである「相観」と、雪、氷、河、海、湖などに姿を変える水にかかわる現象が加わってできあがっています。地形のない景観はありえませんが、植生か水のどちらか、またはその両方が欠けた景観は極地や乾燥地域に広く存在します。いずれにせよそれらの要素の組合せの妙が、千差万別の風景を地上に出現させ、私たちの目を楽しませてくれているわけです。なかでも山ほど多様で変化に富み、美しい風景をつくりだしているものはほかにあまりないでしょう。そのうえ普段私達は風景を目の高さで見ていますから、周囲よりも高く突出した山はごく自然に視界に入りますし、いろいろな方向から、しかもかなりの遠方からでも全体像が眺められます。峡谷やサンゴ礁の美しさもけっして山に劣るものではありませんが、その風景は高いところから俯瞰しなければならず、見る場所見える箇所が限られます。

遠くの山々は青くかすんで、山稜の形がスカイラインとして見えるだけですが、ひとまとまりの山地や山脈としての大きな地形の特徴や雪氷の有無はわかります。地図でいえば、五〇万分の一地方図か二〇万分の一地勢図に表現される程度の地形は判別できます。しかし、遠くからでは、植生についてはほとんど何もわかりません。地図と見比べながらはるかな山々の山名を同定するのも楽しみで、山好きの人たちのなかには、山岳同定を趣味にしている人も大勢います。これも遠くなるほど遠近感がなくなるので、数十キロメートルの彼方の重なり合う峰の一つ一つを区別するのは困難です。

五万分の一地形図には、緯度によって違いますが東西二〇キロメートルあまり南北一八キロメートルの範囲がカバーされています。これは大きな山脈の中の一つの山群や連山がちょうどおさまる広さです。これくらいの範囲が一望できる程度にまで山に近づくと、個々の山がはっきり区別できるようになり、そのうえ尾根の走り具合、谷の入り方、山腹斜面の形状、植物の垂直分布帯などがはっきり見分けられるので、地形図と対照すれば地形はかなり細部までわかります。断層はまっすぐに延びる山麓線とその背後に急斜面をつくりやすく、氷河や雪崩は山腹と谷に独特の地形をつくるなど、地形の特徴から山の形成過程をある程度読みとることができる場合も少なくありません。

山の地形は、氷河や積雪の作用で形成されたものと主に川の作用によるものが、高いところから低い方へと順に分布しています。そのため一般に高い山は頂きが森林限界から上に突出していて地形が険しく、岩が露出して夏でも雪や氷をまとっていますが(図3)、低い山はおだやかに起伏して樹木につつまれています(図4)。このように山では、植物と同じように、

図3 高い山の姿．アルプスのチロル地方の山と谷．鋭く尖った峰，やせた尾根，急峻な岩壁，氷河と残雪など，山の景観を構成する要素が多様で，三角形の山の形が高さを感じさせます．

地形をつくる作用も高さに応じて一定の順序で配列していて、わずか高度差千メートルか二千メートルの間に、水平的には千キロメートル以上離れた場所の景観が圧縮されて現れています。それだけに高い山では上下の景観の違いが明瞭で、そのことが三角形の外形とともに見る者に安定感と高度感をあたえるのではないでしょうか。

実際に山に入ると、二万五千分の一地形図かそれよりもっと詳しい地図で表されるような、規模の比較的小さな地形や群落単位の植物景観を眺め、岩の一つ一つ、草木の一本一本を間近に見て、山の隆起や削剥作用をあとづける証拠や植物群落の成り立ちを観察することもできます。とくに森林限界をぬけると視界が開けてそれらの現象がよく見えます。なかでも高山植物のお花畑は、地形、地質、岩屑の大きさなどの

図 4　低い山の姿．北九州の脊振山(1055 m，九千部山から望む)．凹凸の少ない稜線と緑におおわれたなだらかな山腹斜面が，のんびりとした山の景観をつくりだしています．

地表の状態、残雪の消える時期の違いなどに応じてさまざまな種類の植物がすみわけるので、色とりどりの花が開花期をずらしながら咲き乱れ、天上の別世界をつくっています。

山に登る動機は人さまざまでしょうが、山からの眺望が山登り最大の楽しみの一つということでは一致すると思います。雲海からの日の出、山が朝日で赤く染まるモルゲンロート、夕日に染まるアーベントロート、刻々と色彩の変化する夕空、満天の星空とかすかな下界の灯などに感激しない人はおそらくいないでしょう。五里霧中の山登りでは楽しみが半減します。山の上は大気中の塵も少なく空気が澄んでいるので、山頂からは予想もしなかった彼方の山並みまで見え、地図と見比べると頭の中の山地分布図の間違いがただされたり、思わぬ発見をすることも少なくありません。また周囲の山々は山ひだ

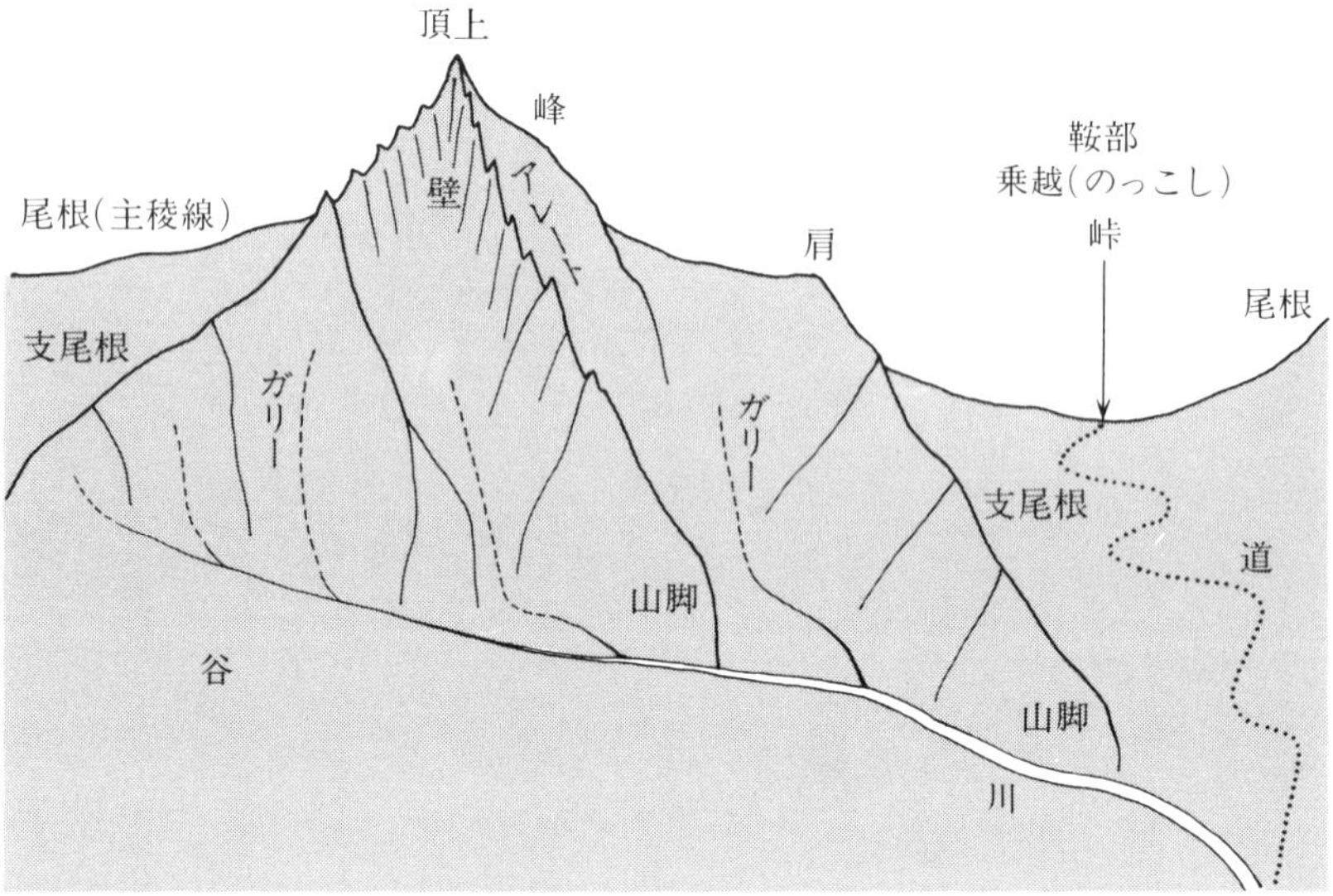

図5 山の地形のなりたち.

の細部まで驚くほど鮮明に見え、実際に登っている山よりも谷をへだてた別の山の特徴の方がよくわかることもしばしばです。

峰と尾根

言うまでもなく、山では高く突き出た部分がまず目を引きます。その第一が山頂です(図5)。厳密にいえば山頂は頂上の一点ですが、頂上をふくむ山の最上部分、つまり周囲よりもはっきりと突出した山頂部分は、その範囲をあまり限定しないで峰と呼んでいます。峰は形態によって、先が鋭く尖った「尖峰」、針のように細く突き出た「針峰」、丸みをおびた「鈍頂峰」、「円頂峰」、上の平らな「平頂峰」、形よりも表に現れた物に注目した「岩峰」、「雪峰」、周囲から完全に独立した「孤立峰」、高さのそろった二つの峰が並ぶ「双耳峰」、などといい表しています。峰の形状は山の特徴を最もよく表すものであり、山の印象を決定するいわば山の顔といってよいでしょう。峰の姿がきわだっているほど、個性的な山と感じられることになります。

山頂からは、尾根が張りだしています。山頂から張りだした大きな高まりがその山の基本になる「主尾根」または「主稜」、山脈の最高部を連ねた線をとくに「主稜線」、「尾根筋」、その中でも国や都府県の境界になっているものを、国境稜線、県境稜線とか県境尾根ということもあります。たとえば日本アルプスの主稜線、スイス・イタリアの国境稜線、新潟・群馬の県境尾根といった具合です。尾根の途中から枝分かれした小さな尾根が「支尾根」、「支稜」で、その先がさらに分かれて山麓や谷底で終わっている小さな張りだしが「山脚」です。このように尾根は、山頂から山麓へ向かってだんだん小さく分かれていきます。川が上流から下流へ向かうにつれて、支流から本流へと一本に集まっていくのとは逆です。もっとも山麓から尾根どおしで山に登れば、どの尾根から取りついても最後には山頂の一点に達することになります。

尾根はその形状によって、二つの山頂を結んでゆるやかな弧を描く「吊り尾根」、幅がせまく切り立った「やせ尾根」または「ナイフエッジ」、鎌のような「鎌尾根」、鋸のようにぎざぎざした「鋸歯状尾根」、岩のごつごつした「岩稜」、雪におおわれた「雪稜」などと呼ばれます。また、尾根の出っ張りの部分のところを「肩」、峰というほど大きくはない突出部分を「ピナクル」、「頭」、「コブ」などということもあります。尾根のいちばん低いところは

「鞍部」で、それを横断する道のある場合には「峠」、「乗越《のっこ》し」となります。槍・穂高連峰では鞍部の中でも特に切れ込みの深いところを「キレット」、劔岳では「窓」と呼んでいます。

尾根を境にして、山の稜線付近の斜面が一方は急で、一方がなだらかというような形の山があります。たとえば白馬岳《しろうま》の山稜では、東の安曇野《あずみの》の方には急な崖となって切れ落ちていますが、西側の黒部の谷に向かってはゆるやかに傾斜しています。こういう形態の山稜を「非対称山稜」といっています(図6)。また、山の尾根というのは本来一本の線のはずのものが、浅い窪みに隔てられて二、三列に分かれたりすることがあります。蝶ヶ岳とか白馬岳の周辺には二本も三本も並行して稜線が走っているところがありますが、こうい

図 6　北アルプス白馬岳の非対称山稜．稜線の左側が西側の緩斜面で，東側の急斜面といちじるしい非対称をなしています．中央の白馬岳と右手前の杓子岳はもとはひとつづきの山でした．それが，白馬大雪渓の谷頭の葱平圏谷の氷河で切りさかれ，現在のような姿になったのです(第 6 章図 10 参照)．

うものは「二重山稜」あるいは「多重山稜」で、その間の窪みが「舟窪」とか「線状凹地」とよばれています。

谷と斜面

山の凸部である尾根は川の流域を分ける分水界になっていますから、尾根と尾根との間には、谷があります。『広辞苑』で「山」を引きますと「平地よりも高く隆起した地塊、谷と谷との間にはさまれた凸起部」と書いてあります。つまり谷がなければ山もないということになります。もっともこの場合の谷は山を分けているわけですから、かなり大きなものでしょう。

周囲よりも低い樋状の細長い凹みは、その大きさや底に川が流れているかどうかに関係なく、すべて谷です。北上川や吉野川の谷などのように、二つの山並みの間を山脈に平行してのびているのが「縦谷」、山脈を横断しているものが「横谷」で、最上川の下流部など、日本海にそそぐ東北地方の河川が出羽丘陵を横切る部分が横谷にあたり、しばしば幅の狭い「峡谷」をつくっています。横谷は山脈の隆起前からその位置を流れていた川が、隆起する山脈を掘りこみつづけ、山脈に先立つ「先行谷」として形成されたものが多く、ヒマラヤ山脈もチベットに源を発するブラマプトラ(上流はツァンポー)河、アルン河などで貫かれています。

山の周囲に谷があるかないかは別として、山腹に谷のない山は稀で、富士山にも吉田大沢や富士宮大沢などの谷があります。「谷」は尾根とは反対に、上流に向かうほど「支谷」、「枝谷」と小さく枝分かれしていきます。谷底の水の流れが川ですが、一般に川という場合には山と山の間の谷を流れる程度のものをさし、個々の山腹を刻む谷と小さな水流は「沢」と呼ぶことが多いと思います。登山の用語では、いつもは涸れていて雨のときだけ水が流れる小さな掘れ溝を「ガリー」、急峻な岩壁の縦溝を「ルンゼ」、「クーロワール」といっています。

谷と尾根は交互に並び「山ひだ」をつくっていますが、山ひだの多少あるいは谷の密度の大小も山の姿に大きく影響します。多雨地域にある日本の山は、世界的に見ても小さな谷に刻まれて山ひだが細いのですが、北海道には谷の少ないのっぺりした感じの山がたくさんあります。その原因についてはあとでまた述べることにします。

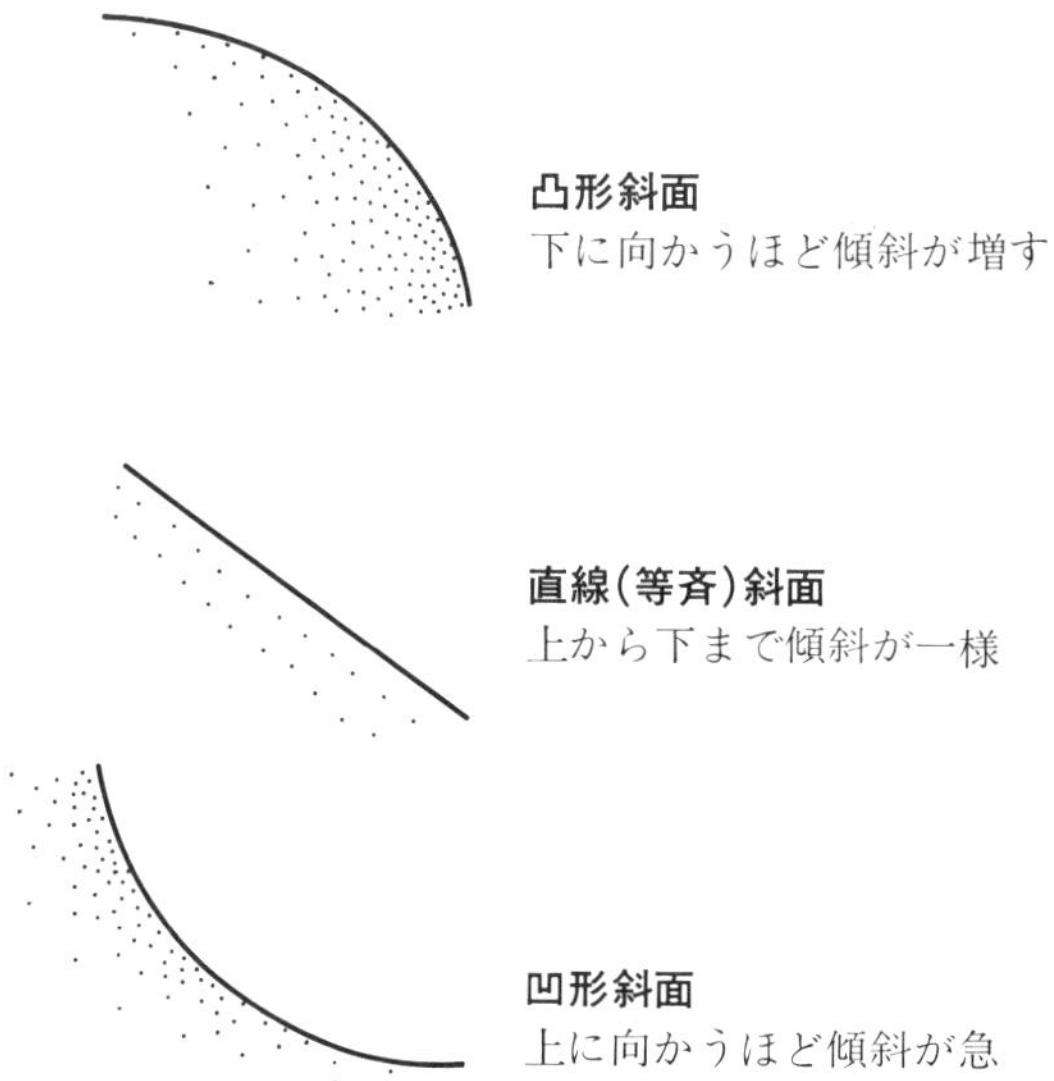

図7　山の斜面の形.

谷はその断面形の特徴から「V字谷」、「U字谷」などということがあります。その形は谷の形成過程をあらわしていて、水の流れで彫り込まれた「水食谷」は一般に断面がV字形になりますが、氷河が削った「氷食谷」では底が船底形になってU字形を示すことが多くなります。大きな氷食谷の場合には谷頭が丸く窪んだ「圏谷(カール)」になっているのが普通です。氷河は河よりも高所にありますから、日本アルプスの高い山では、谷は、山麓から山頂へV字谷、U字谷、圏谷(カール)と変わり、圏谷から下流の部分が沢、それより上の斜面の掘れ溝がガリー、残雪のつまった沢やガリーが雪渓となっているのが普通です。また、雪の多い山地では谷を雪崩が通りますから、浅いU字形をした「雪崩道」という特殊な地形ができることもあります。

その尾根と谷との間の斜面は、山の立場からいうと「山腹斜面」、谷の立場からは「谷壁斜面」ということになります。この斜面が、お椀を伏せたように、麓のほうが急で上のほうがなだらかになっている形のものを「凸形斜面」といいます。上から下までまっすぐのものは「直線状斜面」、上へ行くほど急になるのは「凹形斜面」です(図7、8)。また、

図8　凸形斜面の山(上)と凹形斜面の山(下)．上は長野県鉢伏山(1928 m)．鉢伏山から霧ヶ峰にかけては，このような凸形斜面のなだらかな高原状の山々が連なります．草におおわれた斜面の表層部分は岩屑層です．下はアルプスのアイガー(3970 m)．右側がアイガーの北壁で高度差が 2000 m あります．岩壁の傾斜が上方ほど急になっているのがわかります．第2章の図1のアルプスの谷の斜面はこの谷です．

斜面がなめらかであるか、ゆるやかか、急か、岩屑におおわれているか、岩塊がごろごろしているか、というようなさまざまなタイプがあり、それが植物の生え方に影響します。斜面の傾斜が急になってくると「壁」になり、岩がむき出しになっていることを強調して「岩壁」といったりします。

このように、山にはさまざまな地形が見られます。とりわけ、高い山になると、起伏が大きく、急斜面が多くて、全体にゴツゴツした感じになり、地形の構成が複雑になってさまざまな地形が狭い範囲に集まってくることになります。それに対して低い山は、斜面の傾斜がゆるく山ひだも少なくて全体になめらかで、地形の組合せが比較的単純です。

2 日本の山・世界の山

とがった山・丸い山

日本の山は谷と不可分の関係にありますが、その形が世界の他の山地に比べてどのような特徴があるのか、断面図で比較してみます(図1)。日本は北アルプスを縦断する黒部川の谷、ヒマラヤはエベレストの南にあるローツェの大岩壁の下のイムジャコーラの谷、アルプスはアイガーの北壁の下のグリンデルワルトの村のあるルェッチェンタールを、それぞれ一定の距離ごとにほぼ直角に切っていますが、それぞれの断面の線が重ならないように図では実際の位置を少しずつずらしてあります。山腹にある数字は高さで単位はキロメートルです。谷をへだてて隣合う山並みの間の距離は、三つの地域ともほとんど同じですが、谷の深さはかなり違います。

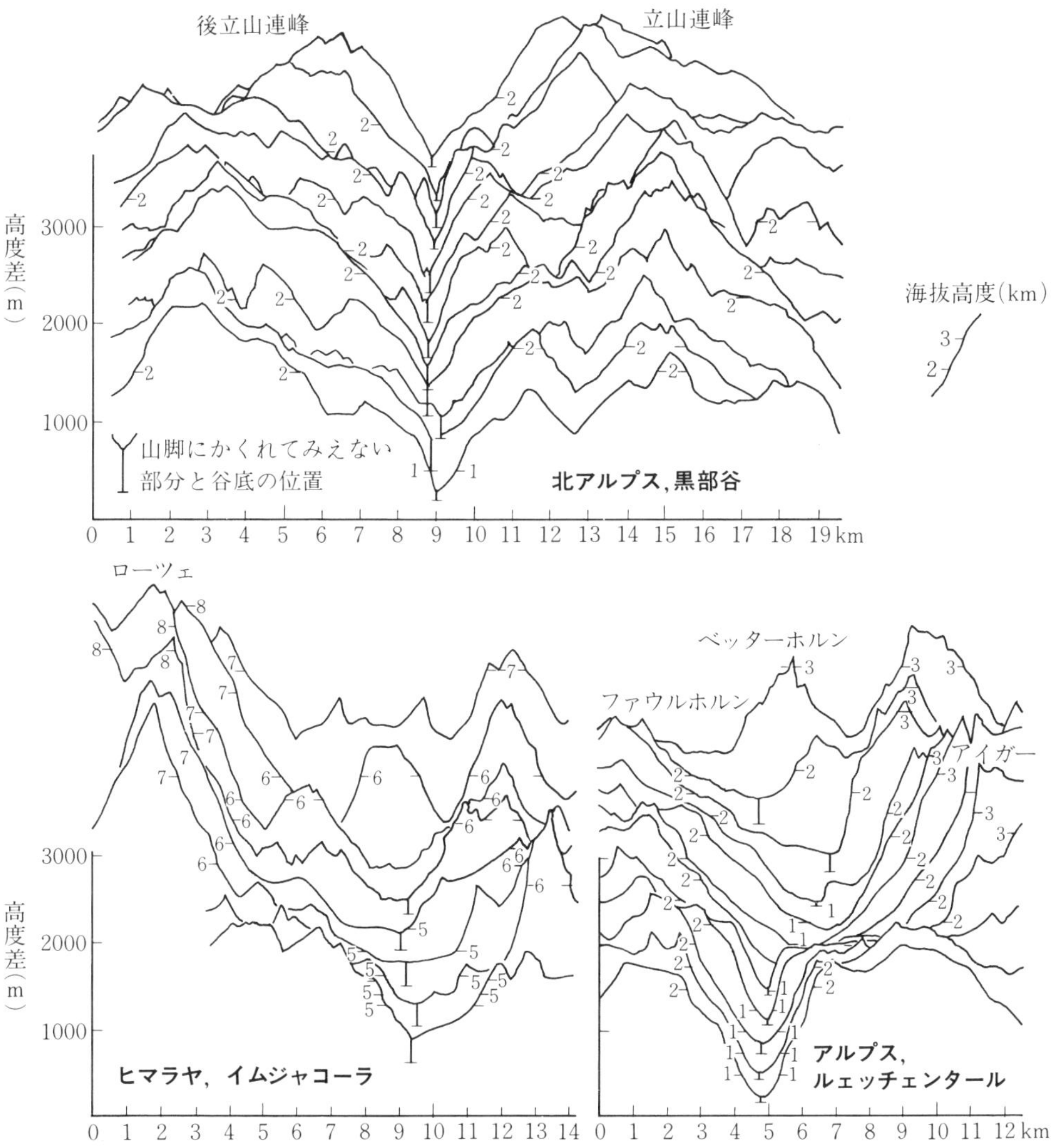

図1　北アルプス，ヒマラヤ，アルプスの谷の斜面．谷をはさむ両側の山の間隔はいずれも 10 km 前後でほとんど同じですが，山と谷の形はひじょうに違っています．黒部谷は，ほかに比べて幅がいちじるしく狭く，両側の山腹(谷壁)斜面が下にいくほど急になっています．アルプスやヒマラヤでは谷は広く，両側の山腹(谷壁)斜面は上に向かうほど急になり，山が尖っています．(小疇尚，1982)

図2　空から見たカラコルムの中心部．中央遠景の三角形の山がＫ２(8611 m)．

図3　台湾中央山脈の南湖大山(左手前，3798 m)と中央尖山(右遠方，3716 m)．台湾ではどっしりとした大きな山に大山，山頂の鋭く尖った山に尖山という名を冠しています．

図をみると、日本の山は谷のところが急傾斜で、下に行くほどその傾斜が急になっていて谷底が尖っていますが、谷の上の方は傾斜がゆるくて丸っこい形になっているのが一目瞭然です。つまり、山の斜面が全体に凸形になっています。これは日本の山の大きな特徴です。それに対してヒマラヤやアルプスは、谷底が広く谷壁の傾斜が上へ行くほど急な凹形の斜面になっていて、山頂が尖っています。世界じゅうでいちばんとんがった山が密集しているところは、K２をはじめ八〇〇〇メートル級の山が並んでいるカラコルムではないかと思います(図２)。日本でも尖った山はありますが、山地全体から見ればごく限られています。

こういった山に比べると、上の方がだんだん丸くなるような日本の山は、あまり山らしくないような感じを受けます。飛行機から見ても、

図 4　ドイツのシュバルツワルトの最高峰フェルトベルク(右端，1493 m)．ドイツでは海抜 1500 m 以下の山地を中山，それ以上の山地を高山とする分類があります．中山はシュバルツワルトやハルツ山地などの“古い山地”で，このようにおだやかな山容をしています．

孤立した火山やどっしりとした大きな山、尖った山など頂きのはっきりした山はすぐわかりますが、そうでない山は見分けがつきません。台湾では大きくどっしりした山容の山を「大山」、尖った山を「尖山」といっています(図3)。なかなかうまい命名法だと思います。また、ドイツには一五〇〇メートル以下の山を「中山」、それ以上の山を「高山」という山の分類があります。中山で最も高いのはシュバルツワルトの最高峰フェルトベルクという山で(図4)、一五〇〇メートルに七メートル足りません。この山地には尖った山はなく、おだやかな丘のような山々ばかりです。それに対して、ミュンヘンから南へ向かって行くと氷河の堆積物におおわれた多少起伏のある丘陵地が切れて、いきなりアルプスの二〇〇〇メートルを超える尖った山々が行く手をさえぎります。つまりドイツでは一五〇〇メートル以下の山と以上のそれとで、山の形がまったく違います。このような山の形の違いは、おもに

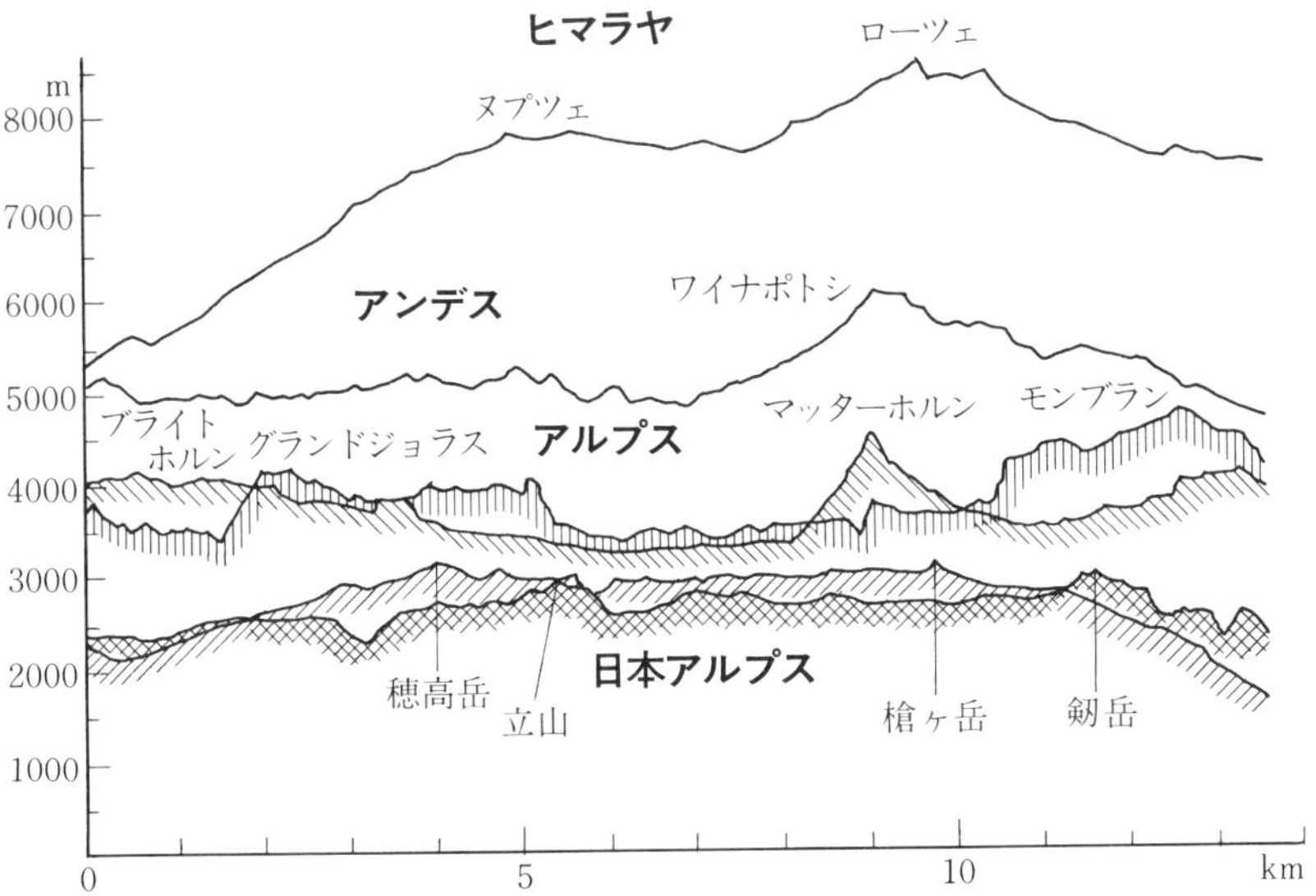

図 5　世界のおもな高山の主稜線．ヒマラヤ，アンデス，アルプス，日本アルプスの順で，山が低くなるほど起伏が小さくなり，個々の山の大きさも小さくなることがわかります．（小疇尚，1982）

山地が隆起した時代の新旧と、侵食作用の種類の違いからきています。それを述べる前に、日本の山を世界の他の山と比較しながらその特徴を見ておくことにしましょう。

かわいらしい日本の山々

世界の代表的な山々と比較すると、日本の山は規模が大変小さく、しかも山がつらなってい て、火山を除いて峰の一つ一つが独立性にとぼしいという特徴があります。そのためよほどの山好きの人でなければ、遠くから見たのではどれが何山なのか名前がわからないことがあります。

日本の山と世界の主要な高山とを断面図で比較してみましょう(図5)。日本で最も起伏が大きく高山的な山容の山の代表といえば北アルプスの槍ヶ岳・穂高岳、剱岳・立山の連峰です。

図 6　北アルプス剱岳(2998 m)．北アルプス北西部にある日本の代表的な岩峰．鋸の歯のようにギザギザした稜線と“窓”と呼ばれる鞍部に特徴があります．

それとアルプス、アンデス、ヒマラヤの山と並べてみました。この図で見ても日本の山は、山が並ぶ方向にほとんど切れ目がなくつながっているのがわかります。日本の主な山地で、隣合う峰と峰を結ぶ稜線上の一番低くへこんだ「鞍部」の部分と、山の頂上との高さの差が五〇〇メートル以上あるところは、剱岳の北側にある小窓の鞍部からの剱岳山頂(図6)と、槍ヶ岳から西へ延びる西鎌尾根の最低鞍部からの槍ヶ岳頂上の二カ所しかありません。槍ヶ岳と穂高岳の間には大キレットという縦走路の難所がありますが、その最も低い部分から北穂高岳の頂上までの高さの差は四〇〇メートルちょっとで、五〇〇メートルにはとどきません。このように、あまりスカイラインにでこぼこがないことが日本の山地の大きな特徴で、そのことが図5にもよく表れています。

アルプスはもっとでこぼこしています。この図には、北側から見たアルプスで一番高いモンブランの山塊からグランドジョラスまでのモンブラン山群と、ダン・デランからマッターホルンをへてブライトホルンにいたるバリス山塊の、スカイラインが描いてあります。どちらも距離は一〇キロメートルあまりで、槍・穂高連峰や剱・立山連峰よりいくらか長い程度です。しかし、凸凹の様子つまり起伏の状態はまるで違います。槍ヶ岳は日本のマッターホルンという異名をもっているとはいえ、この図で比べてみると山の大きさにずいぶん違いのあることがわかります。

アンデスやヒマラヤでは山の規模がさらに大きくなります。図5では、アンデスはボリビアの首都ラパスのすぐ近くにある、ワイナポトシの北西－南東の稜線を西から見ています。ヒマラヤはエベレストの南側に横たわる、八〇〇〇メートル級の稜線では最も凸凹の小さいローツェとヌプツェを結ぶ稜線を南から見たものです。ヒマラヤの高峰はアルプスの一つの山群、日本アルプスの一つの連峰に匹敵する大きさであることがわかります。

世界の高山と日本の山をこのように一枚の図の上で比較すると、日本の山はいかにも小さくかわいらしくみえます。これは基本的には日本の山の高さが、アンデスの二分の一、ヒマラヤの三分の一と低く、またこまぎれの地質構造を反映して、山地の規模が小さいことによっています。しかし、一つ一つの山の独立性がとぼしいのは、山地の隆起した時代が新しく、まだあまり侵食が進んでいないため山地から個々の山が十分に削りだされていないこと、とくに氷河による侵食をあまり強くうけなかったことと関係があります。山地の侵食について

にする大陥没地帯で，その中に富士山，八ヶ岳，浅間山など多くの火山
－静岡構造線の断層を境に大きく隆起しました．

は後で改めてふれることにしましょう。

伸びざかりの山

山地は長い間には侵食されて丘にかわり、いずれ平坦地になってしまいますから、あまり侵食の進んでいない山地があるということは、山地の隆起した時代が新しく隆起がかなり急速におこっていることを示しています。

国土地理院では最新の国土の形状を正確に把握するため、期間をおいて三角点や水準点の測量をくりかえし行っています。その結果によると日本の山地のほとんどは、改測のたびごとに高さを増しています。山地の隆起の速さは一年間に〇・数～数ミリメートルで、南アルプスが最も大きく年に約五ミリメートルです。一年間に五ミリメートル程度ならたいしたことはないと感じるかもしれませんが、

図 7　白馬岳から見たフォッサマグナ．フォッサマグナは本州を胴切り
が噴出しています．北アルプス，南アルプスはその西の縁を限る糸魚川

かりに百万年間それがつづくと山は五〇〇〇メートルにもなります。赤石山地の高さは三〇〇〇メートル余りですから、年五ミリメートルの割合で大地が隆起しつづけたとすると、数十万年でこの高さに達してしまったことになります。測量をくりかえせば現在の地殻の変動量を正確にとらえることができますが、測量が行われるようになってからまだ百年しかたっていないので、最近の測量の結果得られた隆起の速度が、百万年間もの長い期間ずっとつづいていたと考えてよいかどうか問題があります。

南アルプスの地質は大部分が、褶曲した一億数千万年前の古生代後期から三千万年前の第三紀前期の海底に堆積した地層で、北東端の駒ヶ岳と鳳凰山の周辺に花崗岩類が分布しています。このうち褶曲した地層は北北東から南西方向に帯状に並んでいますが、山地の外形は地層の並びと無関係な北の尖った楔形をしていて、そのうち山地の北東と東の縁は本州を胴切りにするフォッサマグナ西縁の糸魚川‐静岡構造線の断層で、西の縁は西日本の太平洋側(外帯)と日本海側(内帯)を分ける中央構造線の断層で断ち切られています(第1章の図1参照)。中央線の車窓から釜無川の谷をへだててよく見える駒ヶ岳、鳳凰山の急斜面は、その断層の動きでできた断層崖です。ここでは、一九八二年の台風のときに山麓を流れる釜無川の河床が大きくえぐれ、河原の砂利の上に南アルプスのぼろぼろになった花崗岩が、断層で乗り上げているところが露出しました。つまり、この断層は隆起した山側が低い方の大地の上に押しかぶさるように衝き上げた逆断層です。せいぜい数千年前のものと思われる大変新しい時代の河原の砂利の上に、はるかに古い地質時代の岩石から構成されている背後の山が覆いかぶさってきているわけですから、断層が今なお活動していて山が成長中であることを示しています。そのほかさまざまの地質学的な証拠からも、南アルプスの隆起が始まったのは、最新の地質時代である第四紀(約二〇〇万年前から後)に入ってからであろうと考えられています。

北アルプスは南アルプスよりも地質構造が複雑ですが、やはり東の縁を糸魚川‐静岡構造線の断層で切られて第四紀になってから大きく隆起しました。図7は白馬岳から南にこの大断層崖を見ています。それ以外の山地もふくめて、日本列島は全体として第四紀になってから地殻の変動が激しくなり、現在の山の高さの半分以上が過去二〇〇万年以内の隆起でもたらされたとみられています。日本の山はまだ若く、伸びざかりなのです。

ニュージーランドの山も成長速度が大きいことで知られていて、南島のサザンアルプスは一年に最大一〇ミリメートルの割で隆起しています。台湾の山もそれに近い速さで成長しているとみられています。ヒマラヤの隆起はもっと速くて、年にセンチメートルのオーダーではないかといわれていますが、残念ながら測量が大変で、山の成長速度はまだ正確には測られていません。これらはいずれも第四紀に入って急速に高さを増しつつある山地ですが、アルプスの隆起の最盛期はもう少し早く、第三紀の末にはすでにかなりの高度になっていたと考えられています。

山が生まれるところ

世界地図をみると、アジアの中央部やアフリカの東部、北アメリカの西部などに茶色で表された高地の大きな塊が目につきます。このうちのかなりの部分は起伏にとぼしい高原か古い地質時代に形成された古い山地で、現在伸びざかりの新しい山地は、比較的幅のせまい帯状の地域に分布が限られています。その帯状地域は新生代(第三紀と第四紀)に地殻が隆起して山ができている地帯という意味で、「新生代造山帯」とか「新期造山帯」とよばれ、アルプスとヒマラヤをむすぶ「アルプス‐ヒマラヤ造山帯」と、太平洋を取り巻いている「環太平洋造山帯」の二つに大きく分けられます。

アルプス－ヒマラヤ造山帯は、アフリカ北端のアトラス山脈から東へ、イタリアのアペニン山脈、アルプス、ジナールアルプス、カフカスなどの山脈をへてヒマラヤにつづき、さらに南に曲がってインドネシアの島々にいたる山地帯で、全長が約一万六〇〇〇キロメートルあります。これはユーラシア大陸の南の縁にそって、あるいはそれとアフリカ、アラビア半島、インドとの境に連なっているように見えます。かつてアフリカ、アラビア半島、インドは、オーストラリア、南アメリカ、南極などとともに互いにくっついていて、南半球に「ゴンドワナ大陸」という大きな大陸をつくっていたと考えられています。そのゴンドワナ大陸がばらばらになって、アフリカ、アラビア、インドが北に移動し、ユーラシア大陸の南縁と境を接するようになったところに、ちょうどアルプス－ヒマラヤ造山帯が位置しています。

環太平洋造山帯の方は、太平洋という大きな海とそれを囲む大陸のかたまりとのちょうど境い目にあります。アメリカ大陸側ではロッキー、アンデスのように大陸のへりに山脈がくっついていますが、太平洋の西側では、アリューシャン列島から反時計回りに千島、日本、フィリピン、トンガ、ケルマデック、ニュージーランドに至るまで、大陸から少し離れた位置にきれいな弧状を描いて島々が連なって、「弧状列島」あるいは「島弧」を形作っています。

このようにしてみると、新期造山帯の山地には、大陸と大陸の間にはさまれた山地、大陸のへりの山地、弧状列島の山地、という三つのタイプがあることになります。ここではそれぞれを「大陸間山地」、「陸弧型山地」、「島弧型山地」と呼ぶことにします。この三種類の山地とも、「プレートテクトニクス」の考えによれば、プレートとプレートの境界に形成されていると見られます。地球の表面は、厚さ数十キロメートルのいくつかの大きな岩の板、すなわちプレートに分かれていて互いに別の方向に動いています。このプレートどうしが衝突するとそこで皺が寄り、一方がまくれあがるというようなことで山ができるのだと考えられています。プレートには上に大陸をのせているものと、海底になっていてせいぜい小さな島しかのせていないものとがありますので、プレートの衝突は「大陸と大陸の衝突」、「大陸と海底の衝突」、「海底と海底の衝突」の三つの形をとることになります。つまりこの違いが新期造山帯の三種類の山地をつくりだす原因になっているわけです。日本列島はちょうど、三つのプレートが境を接するという世界にもまれな場所にあたっています。

山の背丈

海抜三七七六メートル、日本の最高峰富士山は、その三つのプレートの境い目のところに位置しています。さきにみたように日本の山はあまり高くありませんが、国土地理院の最新のデータによれば、二五〇〇メートル以上の山が一五一、三〇〇〇メートル以上の山が二一あって、そのうち富士山、御岳、乗鞍岳の三つが火山です。日本に似て山の多い島国ニュージーランドの最高峰はマウント・クックです(図8)。富士山よりもちょっと低い三七六四メ

図8　ニュージーランドの最高峰マウントクック(3764 m)．ニュージーランドは日本と同じ島国です．南島のサザンアルプスには多くの氷河があり，アルプスに似た山岳景観をみせています．

ートルの山で、火山ではありません。台湾は面積としては九州ほどの島ですが、三〇〇〇メートル以上の山が百あまりもあるといわれています。しかし、高い火山はありません。最高峰の玉山(旧名、新高山)は海抜三九九七メートルで、四〇〇〇メートルに三メートル足りません。ジャワ、スマトラ、フィリピンでは、最高峰は日本と同様に火山です。しかしどの山も四〇〇〇メートル以下です。

これらの西太平洋の島弧の最高峰は、いずれも四〇〇〇メートルに少し足りません。どうやら島弧の山は、四〇〇〇メートルまで届かないということがあるようです。ただボルネオには海抜四一〇一メートルの東南アジアの最高峰キナバルが、ニューギニアには五〇三九メートルの最高峰ジャヤをはじめ四〇〇〇メートルを越える山がいくつかあります。しかしこれらは、島弧型の山地というより島弧が大陸の断片にくっついた、陸弧型の山とみたほうがよいでしょう。

これに対して太平洋東岸の陸弧では、南アメリカ大陸の最高峰がアコンカグアの六九六〇メートル、北アメリカで一番高いのがマッキンリーの六一九四メートルで、島弧の最高峰より二〇〇〇メートル高くなっていますが、七〇〇〇メートルには届きません。

七〇〇〇メートル以上の山は、ヒマラヤから中央アジア一帯にかけての、インド亜大陸とユーラシア大陸が衝突した結果形成された大陸間山地にしか存在しません。その中でも、八〇〇〇メートルを越える高峰があるのは、ヒマラヤ、カラコルムの両山脈だけです。ここでは最高峰エベレスト(中国名、チョモランマ)が標高八八四八メートルで、九〇〇〇メートルに少し足りません。

このように、山は場所によって何か成長の限界のようなものがあるようにみえます。大陸間山地や陸弧では、地殻の厚さが、大陸地殻の厚さの二倍の約七〇キロメートルもあり、それが高い山を支えている原因のひとつと考えられています。しかし、九〇〇〇メートル、七〇〇〇メートル、四〇〇〇メートルという数字にどういう意味があるのかはわかりません。島弧と陸弧の前面では一方のプレートが沈みこんで海溝をつくっていて、その最も低く凹んだ軸の部分は、山脈のいちばん高く盛り上がった部分から二〇〇〜三〇〇キロメートルはなれています。海溝の深さはさまざまですが、その海溝の底と背後の山脈との高度差は大体一万二〇〇〇メートルで、地殻の厚い陸弧とその半分の厚さしかない島弧でも違いがないようです。ヒマラヤの南にはガンジス河の低地帯があり、それを埋めている土砂をとり除くと、ヒマラヤとの高さの差はやはり一万二〇〇〇メートルぐらいになります。このように新しい造山帯では、大山脈の凸の地形と海溝や低地帯の正反対の凹の地形がひとくみになっています。これは、プレートのもぐりこみが山脈を隆起させる原動力であることを予想させます。山脈の隆起の原因はまだ完全にはわかっていませんが、いずれにせよ山地には成長の限界があってむやみに背丈が伸びるわけではなさそうです。

3 川に刻まれる山

川が大地を刻む

アメリカ西部のコロラド台地は、海抜二〇〇〇メートルほどの真平らな高原です。この高原をコロラド河が一六〇〇メートルから一九〇〇メートルも掘り込んで、深い峡谷をつくって流れています。大峡谷、グランドキャニオンです。谷底がのぞける展望台に立つと、もとは向こう岸まで続いていた平らな大地があって、コロラド河によってそれが切り裂かれたのだということを、否応なしに納得させられます。

グランドキャニオンの壁には、コロラド台地を構成している地層が水平に何枚も重なっている様子がみごとに現れています。前に組織が違うと、それが山の形に表れるということを述べましたが、グランドキャニオンの壁で急な崖をつくっているのは、ほとんどが石灰岩か

図1　グランドキャニオン．幅 10〜30 km，深さ 1700 m，延長 350 km の大峡谷は隆起した大地をコロラド河が数百万年にわたって侵食して形成されたものです．

砂岩です。どちらも固い岩です。一方、粘土が固まった粘板岩とか頁岩といわれるものは、水を含むとふくれて、乾くとぼろぼろになるという性質があるために、比較的ゆるやかな斜面をつくります。こうして、ここの谷はゆるやかな斜面と急な斜面が交互に出現して、巨大な階段のようになっているのが大きな特徴です（図1）。グランドキャニオンをすっかり埋めたと仮定すると、両岸の崖に露出しているこれらの地層はそれぞれつながり、地表には水平な平原ができあがります。それが、もともとここにあった大平原の姿だったということは、誰にも無理なく受け入れられるでしょう。

大峡谷の上部では地層は水平に堆積していますが、峡谷のいちばん下の方に現れる地層は激しく褶曲しています。展望台から見ると、赤茶けた一連の厚い水平層の下の方に、谷底に沿って黒っぽい急傾斜した地層が見えます。それは数億年前の岩石です。この古い褶曲した地層は上部がほとんど真平らに切られ、その上に先に見た水平の地層が重なっているのです。厳密にいえばその間に少し傾いた地層があって、やはり上部が平らに切られているのですが、話がややこしくなるので省略します。

このような大峡谷の地質を初めて調査したのは、南北戦争で片腕を失った退役将校のパウエルです。彼はグランドキャニオンをふくむ、コロラド河の未知の部分千キロメートル余りをボートで初めて下った探検家として知られていますが、単なる冒険で未踏の激流を下ったのではなく、この地域の自然や原住民の生活を調査したのです。パウエルは大峡谷の壁に露出している地質を調べ、谷底に出ている激しく褶曲している地層がかつての大山脈の成れの果てであることに気づいたのです。つまり、かつてここには大山脈があったのだが、それが長い間の川の侵食作用でついに海面すれすれの低地になるまで削り取られたと考えました。こうしてできた平地はその後海底に沈んで、その上にだんだんと水平に地層が堆積した後に、再び隆起して広大な平地が出現し、それがさらに大きく隆起して高原となったのです。最後の隆起は数百万年前ごろから始まったとみられています。かつての低地はそれから後、数百万年の間に二〇〇〇メートル近く隆起するとともに、コロラド河がそれを下へ下へと刻みつづけて、ついに現在の大峡谷に切り裂かれた広大な台地へと姿を変えたのです。

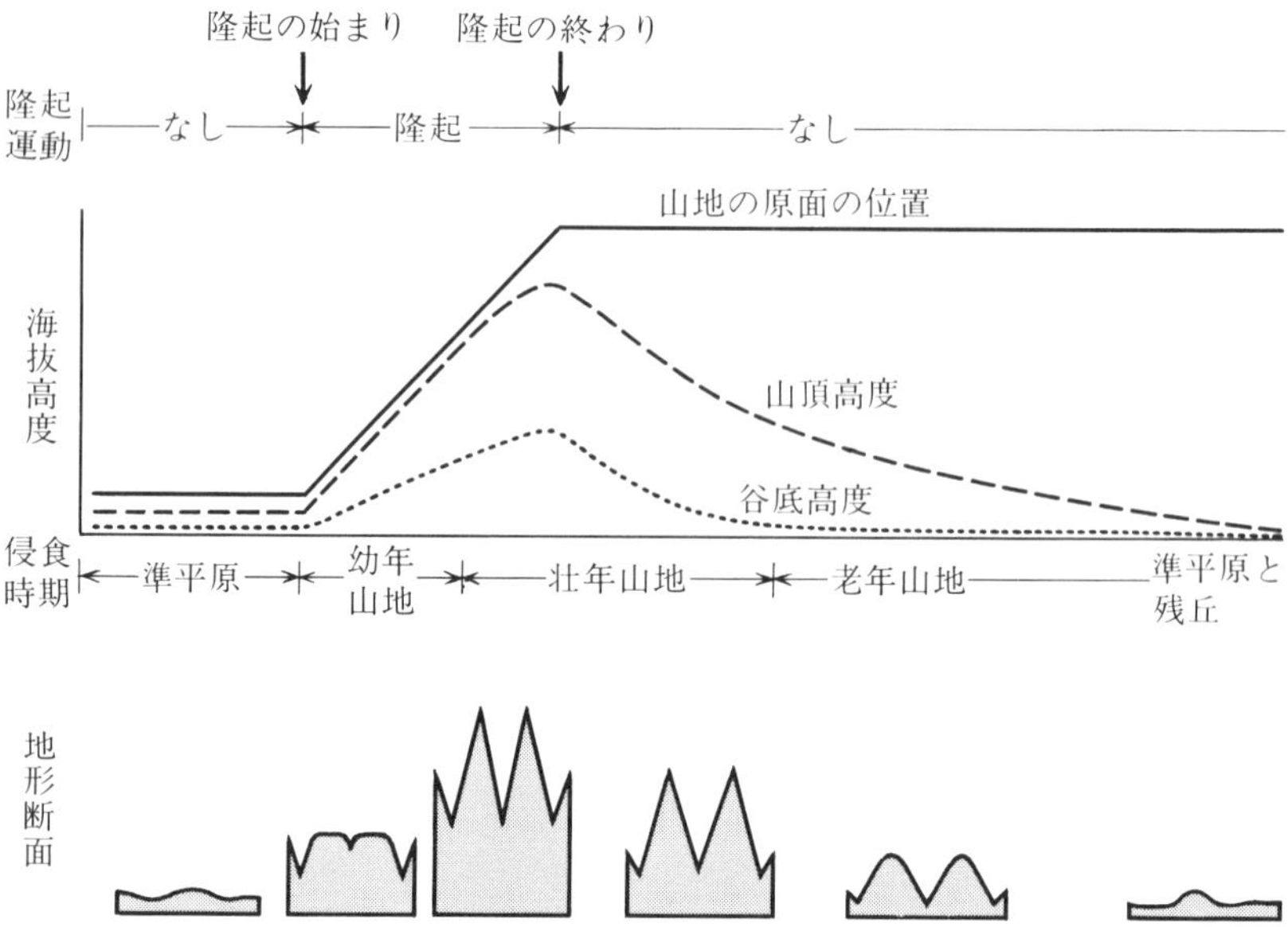

図2　隆起と侵食による山地の地形の変化．時間とともに左から右へと変化します．（貝塚爽平，1977より）

若い山地

このようにして川が大地を刻んでいきますと、その作用がどのくらいの時間働いたのかということによって、山の形が変わってきます(図2)。大地の隆起がはじまったばかりで、川がほとんど土地を掘り下げていない状態のときは、谷がまだあまり大きくないので、かつて低い位置にあった平らな地形が、ほとんどそのまま高いところに残っています。これは「山地の原面」と呼ばれていて、コロラドの台地の表面をつらねたようなものだと考えるとよいと思います。ただ、水平に重なった地層で構成された幅の広い台地は厳密にいえば、地質構造が複雑で幅が狭く細長い山地とは違いますが、ここでは単純に起伏の大きな高い土地を山地としておくことにします。

オーストラリアの東側にはグレートディバイディング山脈(大分水界山脈)という大山脈があります。北端のヨーク岬半島から南のメルボルンの近くまで、延長三六〇〇キロメートルにわたって延々とつながる、文字通り大陸の分水界になっている大山脈です。この山脈は西側の斜面が内陸の大平原にそのままつづいているのに対して、太平洋に面する東側は急傾斜していますが(図3上)。そのためシドニーなど海沿いの街からみると、延々と連なる大山脈に見えます。西側斜面は大平原のつづきで、西から東へ山脈を横切ると、山脈の東の縁に近づくまで、そこが山の上であることを思わせるものは何もありません。肝心の分水界も幅が広く、その上に首都キャンベラをはじめ多くの街があり、南北を結ぶ幹線道路が走っています。それればかりか分水界の上に飛行場がいくつもあり、なかには滑走路が太平洋とインド洋の分水界にまたがっているものもあって、これが大山脈の中かと不思議な気持ちにさせられます(図3下)。つまり大陸の縁が少しまくれ上がっただけといった変な山脈で、私たちの感覚では、ここはまったく山の体をなしていないといえるでしょう。しかし分水界の東側は濃い緑につつまれた深い谷に刻まれて、まぎれもない大山脈の様相を呈しています。つまりこの山脈は、谷の部分だけが深く刻み込まれていますが、原面が広く残った「幼年山地」と呼ばれる状態です。

山地の原面は水平に堆積した地層の表面とは限りません。むしろ、かつては起伏のあった土地が長い間の侵食作用で低平な「準平原」になった後、地殻変動で高くもちあがった「隆

図3　オーストラリアのグレートディバイディング山脈．隆起準平原の平坦面が広く残り，深い谷の部分にだけ急斜面がみられる幼年山地．（上）山脈の東側の谷．シドニー西方のブルーマウンテンズ国立公園．（下）ところどころに残丘が点在する隆起準平原の平坦面が広く残っており，ここが太平洋とインド洋の分水界地帯になっています．キャンベラ南方．

図4　北上山地中央部．最高峰の早池峰山頂上からみた北上山地の中心部は，平らな山がどこまでも続き，谷底はまったく見えません．日本で隆起準平原が最もよく残っている場所のひとつです．

起準平原」が原面になっている場合のほうがはるかに多く、オーストラリアのグレートディバイディング山脈もその一つです。

日本にも山地とはいいながら、高原のような広々として伸びやかな高地がところどころにあります。北上山地、阿武隈山地、三河高原、中国山地などはとくにその広がりが大きく、いずれも隆起準平原と見られています。なかでも北上山地はその特徴を最もよくあらわしている山地だといってよいでしょう。

北上山地の中央部にそびえる最高峰の早池峰《はやちね》山から北を見ると、高さのそろった丘のようななだらかな山がどこまでも連なっていて、まさに高原というにふさわしい風景が展開しています(図4)。スカイラインの凸凹が小さく、そのうえ形の似た山が多いので、どれがどの山か地図と見くらべても見分けるのがむつかしく、土地の人に聞いてもよほど山に詳しい人でないとわからないほどです。しかし、谷の部分は、山上の小起伏地から急に深く掘り下げられています。谷底は大変狭く、そこからは山が見えませんし、反対に山の上からは谷底の集落も道路も何も見えません。このように、北上山地は山上に隆起準平原の小起伏面が広く残り、幅の狭い谷壁の急なV字形の谷がその間に割って入ったような形になっています。ただ、隆起する以前の準平原に多少の起伏があったため、グレートディバイディング山脈にくらべれば、飛行場ができるほど真平らなところはほとんどありません。また、山地が四方から川に刻まれているため原面がそれほど連続的には残っていないので、山の上を道路が走っているところも限られています。

深い谷

山地の急速な隆起がつづくかぎり、川はどんどん大地を掘り下げて深い谷をうがち、谷壁がますます急になっていきます。そのため谷の断面形は、上のほうが緩やかで下ほど急な、凸形を示すことになります。紀伊山地の瀞《どろ》峡(口絵Ⅱ)や、先にみた黒部川の峡谷がその典型的な例です。どちらの谷も下の方へ行くにしたがって谷壁の傾斜が急になるため、山の上からは谷底も川の流れも見えません。このような形で谷が深く掘り下げられていくと、谷壁の急斜面が不安定になってさまざまな崩壊がおこったり、岩屑が斜面をずり落ちたりして谷は徐々に幅を広げていきます。川が谷を掘り下げる速さと、谷壁をずり落ちてくる岩屑の量の釣り合いがとれていれば、谷壁は上から下まで傾斜が一様でV字状の断面を示すことになり

図 5　南アルプス北部の野呂川の谷．両側の谷壁斜面が比較的急で，谷底の狭い典型的なV字谷です．小さな沢に刻まれて山ひだのこまかい山腹は上の方がゆるやかになっています．

ます。図5は南アルプスの野呂川の谷を上流から下流へ見通したところです。みごとなV字形の谷ですが、よくみると、ここも、山は上の方がなだらかで、谷の斜面が下ほど急傾斜で谷底に落ちています。

川は自然の排水路です。宅地造成などで地肌がむきだしになった土地に、しばらくすると小さな掘れ溝ができ、やがてそれから枝が分かれて、雨水の排水系統ができあがっていきます。それと同じように時間の経過とともに川は支流を発達させ、さらにそこから枝が分かれて、隆起した大地を細かく刻み込んでいきます。それぞれの谷《たに》頭《がしら》が山地の内部へとのびていき、谷の部分が広がって山地の原面が切り崩されていきます。このように山地が侵食されて切り開かれて行く過程を「山地の開析」といっています。開析がすすむと原面が失われて、谷頭どうし、谷頭と他の谷壁斜面、谷壁斜面どうしが直接接して、二つの斜面が切り合います。谷壁斜面は見方を変えて山の立場からいえば山腹斜面になります。別の方向を向いた二つの山腹斜面を分ける線が稜線で、稜線の最も低い部分が鞍部、最も高く突出した部分が峰で、多くの場合、山頂から三つの方向に稜線が張り出しています。山地によっては原面の名残をとどめた平頂峰があったり、原面らしきものはなくてもいくつかの山の高さがそろっていて、山頂を連ねたあたりにかつてそれがあったことが想像できます。

このように開析が進んだ段階になると、峰、尾根(稜線)、鞍部、山腹斜面など山を形作っている個々の地形がすべてそろい、ひとつひとつの山の形や特徴がはっきりと見分けられるようになります。山地は高原状の幼年期をすぎて、「壮年期」に達したことになります。川の作用がさらに進むと、山はしだいにとがっていきます。とくに山の隆起がつづいて山がどんどん成長していくと、谷がますます深さを増して、急峻な斜面をもつ大起伏の山が形成されます。急傾斜の山の斜面は不安定ですから、落石や岩屑のずり落ちがよく発生し、岩肌の露出したゴツゴツした山ができてきます。

山地の開析はその周囲から内部へと進んでいきます。そのため大きな山地では、内部になだらかな高原状の地形を残しながら、周辺部には切り立った岩山がそびえていることが少なくありません。北アルプスはその代表といってよいでしょう。最も険しい剱岳は北アルプスの北の端、穂高連峰は南の端、後立山連峰は東の端に位置していて、中心部の三俣蓮華岳や双六岳の周囲一帯には高原のようななだらかな地形が広がっています。槍ヶ岳の頂上から北西の黒部川源流のなだらかな山々と、南の穂高の鋭く尖った峰々を見比べるとその違いは一

図 6　広い尾根が連なった奥多摩の山地．山腹の斜面が上ほどゆるやかで，広く丸みをおびた尾根が連なっています．それに比べて谷は狭く，斜面が急です．中央が七ツ石山(1757 m)，そのすぐ右奥の白い峰が雲取山(2017 m)，下が奥多摩湖．

目瞭然です。南アルプスも同様で、最も険しい甲斐駒ヶ岳の岩峰が北東の隅にそびえています。奥秩父山地の西の端には、最近フリークライミングで有名になった小川山と瑞牆山《みずがきやま》の岩山がありますが、山地の内部の山々は、幅が広くあまり上下のない尾根でつながっています。

これらの山地では、山地の開析がまだその中心部まで十分にはおよんでいないため、山頂部の地形は丸っこく尾根も幅が広くなだらかなのです。全体として山の高さがかなりよくそろっていて、もともとこのあたりの高さに平らなところがあったのではないかと想像されるところがところどころに残っていて、斜面はどちらかというと凸形です。東京の近くでいえば、奥多摩や奥秩父の山がそのよい例で(図 6)、どちらかというと山よりも渓谷のほうが変化に富んでいて、渓谷に遊びに行く人のほうが山に登る人

図7　イギリス南部コーンワル半島の山地．古生代後半（約3億年前）の大山脈が長い年月の侵食で低くなり，山地の最後の姿をかろうじてとどめています．

よりも多いようです。このような山地の地形の特徴は、山地の隆起の時代が新しく今もなお高さを増しつつあるため、山地の中程までは川が深い谷をうがっているのに、まだ個々の山を十分切り離すところまでいっていないということによっています。

老いた山

山地の隆起の速さが遅くなったり、隆起が終わった後も川の侵食がつづくと谷幅がしだいに広がり、山はさらに削られて容積が小さくなるとともに高さも低くなって、山というより丘陵のような感じになってきます。イギリス南部をはじめアルプスから北の西ヨーロッパのなだらかな山地の多くは、古い時代の大山脈の最後の姿です（図7）。このようななだらかな山容の山地が、「老年期の山地」または「老年山地」で、さらに時間が経てばほとんど起伏のない低平な準平原に近づいていきます。

日本には準平原はありません。中国山地や阿武隈山地の準平原（図8）が北上山地のそれと並んでよく引き合いに出されますが、これらは準平原そのものではなくて、それがもう一回もちあがっ

図8　阿武隈山地の残丘．阿武隈の隆起準平原は北上山地に比べて谷が浅くて広いのが特徴です．小さな谷に刻まれた隆起準平原面の上に残丘が点在しています．

た「隆起準平原」です。しかし同じ隆起準平原でも、阿武隈山地、中国山地と北上山地とは全体の姿がかなり違います。阿武隈山地では、丘のような低い山々がつくる平らなスカイラインの上に、いくつかのなだらかな山が突き出ています。これは周囲よりも硬い岩でできているため、ほかよりも侵食が進まずに削り残されたもので、地形学では「残丘《ざんきゅう》」と呼んでいます。このような残丘は北上山地にもあります。最高峰の早池峰山がそうですし、石川啄木の故郷にある秀麗な姫神山《ひめがみ》もそのひとつです。ところが、谷を見ると、阿武隈山地の谷は大変浅くて幅が広く、北上山地の狭く深い谷とは全く違っています。中国山地も阿武隈山地によく似ていて、山をとりかこんで、水田や畑に利用されている平らな広い谷が巡っています。ところが阿武隈山地の東側の部分では北上山地と似た狭く深い谷が見られます。実は、この阿武隈山地は山地の太平洋側の縁に断層があって、東側が西側よりも大きく持ち上がったため、全体として西の福島や郡山の方に向かって緩やかに傾いています。そのため、太平洋側の大きく持ち上がった部分では、川の勾配がきつくなって急流がさかんに山地を侵食して、深い谷が刻まれています。つまり、阿武隈山地は一度準平原に近い状態になったのですが、その後、傾いて隆起したために、海に近い方では川が勢いを盛り返して峡谷をうがち、古い地形が若返ったのです。山の一生は数千万年ぐらいだと考えられていますが、新たな地殻変動をこうむると大地は持ち上がってまた山になり、そして山の一生を初めから繰り返すことになります。

川が削った日本の山

このように川は隆起した大地を削って山を刻んでいきます。大地を侵食する作用は川ばかりではありませんが、現在氷河のない日本では山を刻む作用として、川が圧倒的に重要な働きをしています。

日本の風景は川の賜物であるということを最初に述べたのは志賀重昂です。『日本風景論』という百年前に出版された本の中で、日本の風景は世界に冠たるすばらしいもので、そのすばらしさのもとは、とりもなおさず湿潤な気候であるといっています。豊富な降水にはぐくまれた川が激しい侵食作用を行って日本の大地を刻み込んでいる、ということを述べています。日本アルプスを外国にはじめて紹介したウェストンも、水が清く緑濃い日本の渓谷の美しさを絶賛しています。日本はその地理的位置から、温帯の中では降水量が多く、それが短い川に集まって山地を駆け下るため、山の斜面が細かい谷に刻まれています。峡谷の素晴らしさもさることながら、谷が密で山ひだが細かいのも日本の山の特徴のひとつです。森林におおわれた山では普段、細かい山ひだは目に止まることが少ないのですが、雲海に浮かぶ山や雨上がりに斜面にそって立ち昇る霧を見ていると、滑らかな斜面とみえていたのが小さな谷に刻まれているのがわかり、意外に思うことがあります。なかでも紀州の山は日本でもとくに雨が多いところです。そして紀伊山地の南側はとくに山ひだが細かく複雑に谷が入りくんでいます。

このように山ひだが細かく、緑の衣をかぶり、谷が深いというのが日本の山の特徴だとすると、アルプスの特徴は突き出した峰だといってよいでしょう。アルプスでは山がひとつひとつ独立していて、尾根筋がはっきりと切り立っており峰の形がみな違います。非常に自己主張が強い山々だといってよいでしょう。また、ヒマラヤの特徴は、ピークもさることながら、大岩壁です(図9)。この写真のエベレストの南にあるローツェの南壁は稜線から岩壁の下まで高度差が約四〇〇〇メートルあります。富士山の高さ分があるわけです。こういう大岩壁をつくるには、山を構成している岩石の性質が問題になります。日本のような割れ目がいっぱい入ったもろい岩石では、このような垂直の壁はできません。それと、削り出す道具が違います。川の作用だけではこれだけの大岩壁はつくれません。氷河が山腹をむりやりごりごりやったからこそ初めてこういう形のものができたのです。

図 9　ヒマラヤの広い谷と大岩壁．氷河のモレーンに埋まった広い谷の向こうに，ローツェ(8526 m)南面の高さ 4000 m の大岩壁がそそり立っています．岩壁には古生代に海底に堆積した地層と，その中に下から入り込んだ花崗岩の塊が露出しています．右上にエベレスト(8848 m)の頂上が見えます．第 2 章の図 1 のヒマラヤの谷の断面はこの谷，図 5 のヒマラヤの稜線はこの岩壁の上の稜線です．

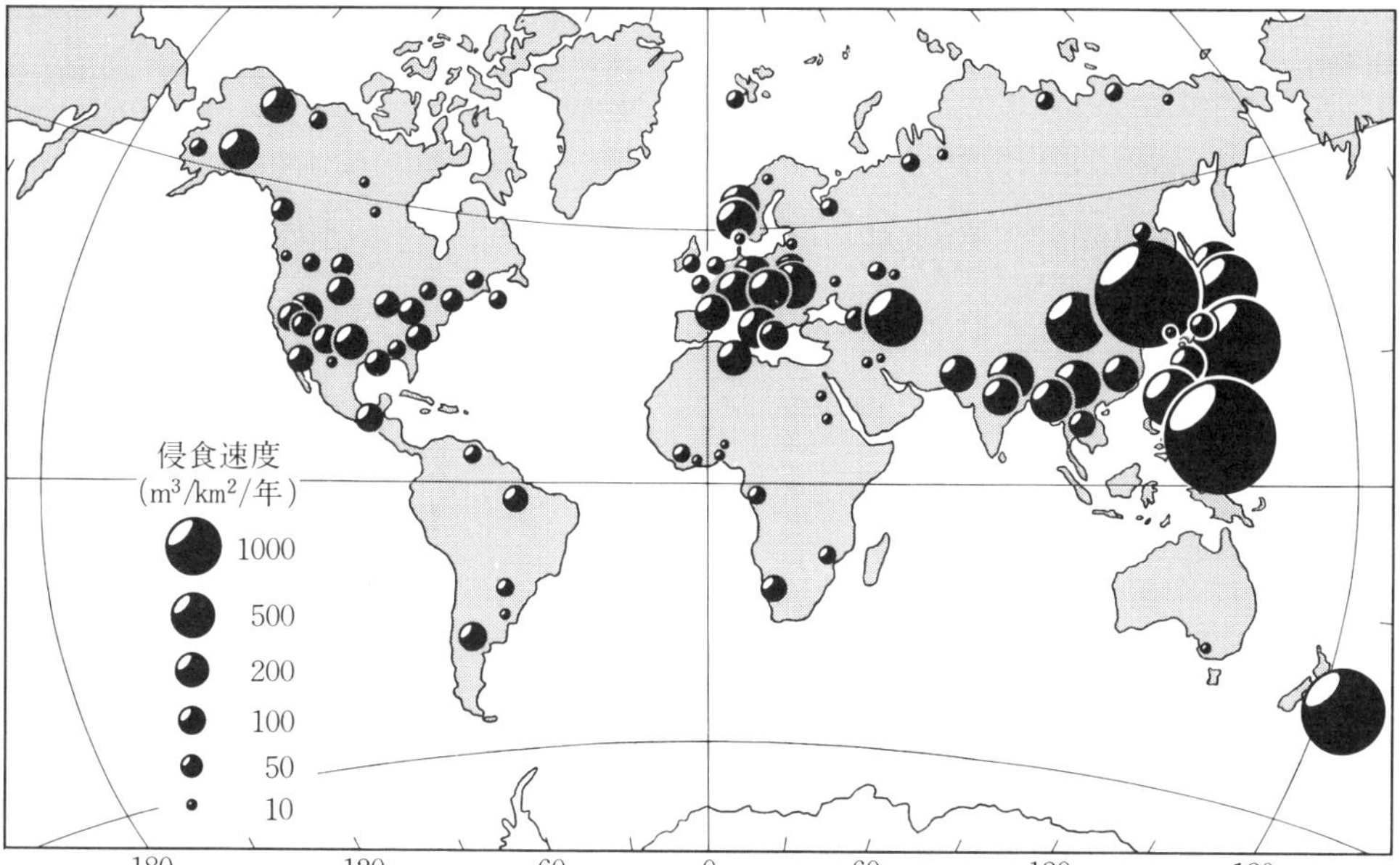

図10　世界の川の侵食の速さ．川が1 km^2 の土地から1年間に何 m^3 の土砂を削り取っているのかを表したもので，降水量の多い太平洋西部の島弧の山地で侵食の激しいことがわかります．(大森博雄，1986)

川の削る速さ

ところで川はどれほどの仕事をしているのでしょうか。図10は世界の川がどれくらいの速さで大地を削っているかということをあらわしたものです。一平方キロメートルの流域から一年間に運び出される土砂の量が示されています。ダムがあると川が運んできた土砂がそこにたまりますから、そこに一年間にたまる量をはかって流域面積で割るとこの量がわかります。ヒマラヤの川はデータがないようなので載っていませんが、太平洋の北西側のところで非常に侵食が速いことがわかります。日本は世界でも最大級の侵食が行われているところだといえます。

このように、世界では平均すると陸地は一年間に〇・一ないし、〇・〇一ミリメートルぐらいの割合で削られています。ですから非常に乱暴ないい方をすると、世界中の平均では陸地は一年間に〇・〇五ミリメートルずつ低くなっています。ところが日本は、それよりも一桁から二桁大きい速さで削られているといわれています。こうなると、日本列島はいつかは平らになってしまうのではないかと心配するかもしれませんが、山は前に述べたように年平均最大五ミリメートルぐらいの速さで隆起しています。世界的に見ると、だいたい山の隆起の速さと削られる速さでは一桁の違いがあるだろうと見られています。これがつりあっていたらいつまでたっても山ができるわけはないので、山があるのはそこでの隆起の速度が侵食の速さにまさっているからです。とにかく世界の平均で、一年に〇・〇五ミリメートルぐらいの速さで大地は削られています。大山脈でも先ほどのコロラド台地とグランドキャニオンの例のように長い年月のうちには平らに削られてしまうことは疑いのない事実です。それにはどれくらいの歳月がかかるのか、短く見積もる人は数百万年、長く見積もる人では数千万年と予想しています。いずれにしても、数千万年のうちには大山脈は消えてなくなることは確かなようです。

山が伸び上がるのに数百万年、侵食されてなくなるのに数千万年というと、いかにもたいへんな長い年月のように思われます。しかし、地球の年齢は四六億年です。人生七〇年と考えますと、地球の一生のうちの数千万年というのは人の一生の一年分ぐらいです。一生の間にたまたま一年だけ非常に特異な年があって、火山の爆発や、大地震に遭遇するというぐらいのものでしかないということになります。もっとも山地の元になる材料が集まってきて、それが徐々に隆起していくという過程まで含めるともう少し長くなるでしょうが、いずれにせよ永遠の山というものは存在しません。

4 雪国の山

雪国の景観

関東平野から列車に乗って新潟方面へ向かい、沼田から水上のあたりまでくると、周りの景色が違ってきたなという感じを受けます。とりわけ、上越国境の長い清水トンネルを抜けると、山のたたずまいががらっと変わります。スキーのシーズンにこのトンネルを抜けると、それこそ様子が一変したことに気づきます。

まず、山の木の生え方がほかの地方の山と違います。スキー場の周りの山々を見渡すと、山の尾根筋に沿ってずっと木が生えています。それらは針葉樹で、冬も枯れずに黒々と見えています。そのために山の輪郭が非常にはっきりして、尾根筋がきわだって見えます。普通ですと、尾根筋というのは降ってきた雨を分けるところですから、山の斜面の中ではいちば

図1　谷川連峰の俎嵓(まないたぐら)の岩壁．雪崩と雪融け水の侵食で削られた急峻な直線斜面が目立ちます．豪雪と雪崩のため，海抜 1990 m 弱の高さにもかかわらず，大きな木がほとんどありません．

ん乾燥していて、木の成育にとってはかならずしも条件のよいところではありません。谷底に近い方が地面は湿っていて木にはよいはずです。ところが、上越地方では、高い木、特に針葉樹は尾根筋に生えています。冬の間は広葉樹が葉を落とし、丈の低い木は厚い積雪におおいかくされて、山の斜面は一様に真っ白でなめらかに見えるので、尾根の針葉樹がとくに目立ちます。

また、山の形が違います。関東地方など太平洋側の山地によく見られるような、尾根が丸みをおびて広く、谷の斜面が下にいくほど急になるという、凸形斜面の多い山はあまり見られません。急な斜面が稜線直下から谷底までずっとつづいているという、直線形斜面か凹形斜面の山がたくさんあります。特に谷川岳のあたりはその最たるもので、谷川岳の頂上から越後山地の山々を見渡すと、稜線からいきなりほとんど直線的に斜面が谷底まで下っていて、もし足を滑らせたら谷底まで一気に滑り落ちてしまいそうな斜面の山ばかりです（図1）。この写真でも、尾根筋に沿って黒く見えるのが針葉樹で、高い木が尾根上に生えている様子がよくわかると思います。

このような雪国の山の景観は、積雪の働きによるものです。雪は植生に大きな影響を与えるとともに、雪が斜面に積もると地面にもさまざまな作用を及ぼして、水の流れとは違った仕事をします。もちろん、雪は一年中降っているわけではなく、雪融けの頃には小さな沢があふれるほどの雪融け水が勢いよく流れるので、山の形を決める基本は雪国であっても川の作用です。川の作用に積雪の作用が加わることによって、雪国ではほかとは違った山の形がつくられることになるのです。

山の積雪

冬になると、東シベリアの内陸に中心をもつ勢力の強い高気圧から、日本列島の方へ冷たい風が吹き出してきます。この冬の季節風は日本海の上を吹き渡るときに大量の水蒸気を吸い上げてきて、日本列島にほぼ直角に吹きつけて日本海側に雪を降らせます。このときの大気よりも暖かい日本海は冬の風呂場のような水蒸気の供給源になっていますから、海の幅が

図 2　最大積雪深が 1 m 以上の地域と，積雪の作用による地形の分布．(下川和夫, 1988)

広く風の渡る距離が長い、北陸地方から北に多量の雪が降ることになります（図2）。なかには最大の積雪の深さが二メートルとか三メートルとかいうところがあります。いままでの最大積雪深のデータとしては、一二メートル近い値が月山と伊吹山で記録されています。

これだけたくさん雪が降るのは世界的にみて、日本のほかには、南米のチリの南部いわゆるパタゴニア地方があります。そこは偏西風が南太平洋を吹き渡ってきて、いきなり山にぶつかるところです。アラスカの南部やニュージーランドの南西部などでもたくさんの雪が降ります。しかしいずれにせよ、多くの人が住んでいるようなところで、これほどの雪が降るのは日本だけだといってもいいだろうと思います。

雪は六華の結晶をした非常に軽いものです。新雪の場合には水の比重の十分の一ぐらいしかなく、風によって簡単に飛ばされます。山では尾根を吹き越す風は、平均してだいたい一・五倍に加速されるといわれています。そのために、尾根付近の風上側では雪は風に吹き飛ばされてあまり積もらず、尾根を吹き越した風下側の斜面に吹き溜まります。こうして、風下側の稜線直下の部分に、大量の雪がひさし「雪庇《せっぴ》」をつくって溜まります。谷頭の部分を全部埋めつくすような形で、大きな吹き溜まりをつくることもあります。さらに、その下に続く谷筋に沿っても吹き溜まりが形成され、そこへは谷壁の斜面や枝谷から雪崩になって落ちてくる雪もあるので、谷底にはたくさんの雪が詰まっていきます。とくに起伏の大きい山の上の方で雪庇が成長すると、そのうち自分の重みを支えきれなくなって、雪庇がすとんと下に落ちます。するとそれが雪崩を誘発して、斜面の雪を全部谷底に落としてしまいます。すると、また稜線には新しい雪庇が張り出していって、いずれまた落ちるということを繰り返して、谷底にはたいへんな量の雪が運び込まれることになります。こうして雪の積もり方には、風下側と風上側、尾根と谷ではたいへんなアンバランスが生まれることになります。

このような多量の積雪が、いわゆる豪雪地域の山に、ほかではあまり見られない特異な景観をつくりだすことになります。なかでも上越、信越の山々ではそれがよく見られます。

雪田と雪渓

春になると、山の雪が融けだして、夏の初めにはそれまで雪の下にあった地面がかなり出てきます。同じ山でも、雪が大きな吹き溜まりをつくっていたところでは、夏でも遅くまで雪が残って、「雪田」とか「雪渓」と呼ばれているものになります。なかには、雪が残ったまま秋を迎えて、また新しい雪がその上に重なっていわゆる「万年雪」になることもあります。

風下側に雪庇の形で吹き溜まった雪の場合には、尾根筋に沿って横に長い雪田が形成されるので「横長雪田」になり、谷頭を埋める吹き溜まりの場合には、夏にはだいたい丸く雪が残るので「円形雪田」になります。風下側の谷の部分のところは、谷に沿って上流から下流へ細長く残雪がつながりますから「縦長雪田」になります。「縦長雪田」というよりは「雪

図3　北アルプス白馬岳西斜面の残雪と雪窪．日本海に近い後立山連峰北部の白馬岳一帯は大量の雪が降るので，夏にも多くの残雪が見られます．東側の斜面は急で雪崩で谷に落ちた雪が雪渓をつくります．一方，傾斜のゆるやかな西斜面には浅い雪窪にさまざまな形の雪田が見られます．右の山は旭岳(2867 m)．

渓」といった方がわかりがいいと思います。

雪田の周りには窪みができています（図3）。というよりも窪みの中に雪田があるといった方がよいかも知れません。この窪みを「雪窪」と昔から呼びならわしています。この雪窪というのは実は非常に奇妙な地形です。第6章で述べる氷河がつくるカールの地形の小型のもののような格好をしています。なぜこのようなものができるのかというのが実はなかなかよくわかりません。この残雪はあまり動きませんから、雪の運動で岩が削られるとは考えられず、どうして大きなへこみができるか疑問です。もし雪が岩を削っているとすると、ここから出る雪融け水は、削った分の土砂を運んでいなければならないはずです。しかし、雪融け水は澄んでいて大変きれいです。化学分析をやっても、雪融け水が岩の成分を溶かし出している様子はありません。

それならなぜへこむのか。雪の下では植物が生えないので、雪が遅くまで残るところは裸地になります。山の上では次の章で紹介するように雪の下の地面は凍ったままです。雪がなくなって初めて地面が融けます。凍ったままのときには地面は動かないので、そこから土砂が運び出されることはまったくありません。雪が融けて初めて雪の下で凍っていた土がゆるんで、残雪の下じきになっていた土砂が動き始めるということになります。それですっかり雪が消えて、裸地がむきだしになった秋に、台風などで大雨が降ると窪みに溜まっていた土砂が一挙に運び出されるのではないだろうか、ということも考えられます。また雪田の周りの岩壁や地面は雪の冷却の効果で、夜間は相当に冷やされて地面の温度がマイナスになります。そして日中には直射日光を受けて、地表面はたちまちのうちに一〇度、二〇度というぐあいに温度が上がります。こうして、雪田の周りでは、凍結と融解の作用を非常に激しく受けて、岩が砕かれて凹みが広がるのではないかとも考えられます。

動かない積雪で面白いのは、残雪が落石の通り道になるということです。岩が落ちたところが雪のない地面であれば、もんどり打ってしばらくはゴロゴロ転がるにしても、地表面はかなりデコボコしているのでどこかで止まってしまいます。しかし、雪の上に落ちると、滑りながら転がり落ちるので、非常に遠くまで転がっていきます。雪の表面が硬くしまった夏の雪渓で落石に遭うと、たいへんな勢いで岩が滑りながら転がり落ちてくるので肝を冷やします。図4は落ちてきたばかりの岩で、雪の上にどこから落ちてきたかという跡がはっきり残っています。これは雪融けの激しい五月の連休のときの写真ですから、これだけはっきり雪の上に落石の跡が残っているのは、たまたま通りかかった直前に落ちたものだろうと推測されます。このようにして、地面が出ていればそんなに遠くまで行かないはずの岩が転がり落ちて、雪渓や雪田

図4　残雪の上を転がり落ちてきた岩塊．雪の上に残った落石の跡で，写真右上の岩壁からの落石であることがわかります．那須連山北部の旭岳(赤崩山)東斜面．

の末端のところにたまっていきます。そのため、そこに土手状の岩屑の高まりをつくることがあります。日本語でうまい用語がありませんが「落石堤」というのはどうでしょうか。

動く積雪

積雪は自分の重みでだんだんと沈下しひきしまっていきます。積雪が自分の重みでしだいにつぶれていくわけで、積雪の「沈降」という現象です。そのときに発生する「沈降圧」で、周りの木の枝を下へ向かって強制的にねじ曲げるというようなことをします。積雪の沈降圧は、山の斜面に対しても何か作用を及ぼしているのではないかと思いますが、まだよくわかっていません。

積雪の動きではっきりわかるのは、雪が斜面をズルズルと這い下る「滑動(グライド)」と、一挙に滑り落ちる雪崩です。いずれにしても斜面の上を積雪は重力にひきずられて下がっていきます。

図5は雪田のそばにある氷河で昔削られた岩の表面です。現在はもちろん氷河がないので、夏になると雪が融けて露出します。その岩の表面の一部にペンキを塗り、その上のへりに小石を並べて、一年後にどれだけ石が動いたかを調べました。積雪が滑動していれば小石もいっしょに動くので、ペンキを塗った岩の表面に傷がつくだろうというわけです。すると、上端にずらっと置いた石はペンキのはげ跡から、動きの小さいものでも三〇センチメートル、

図5 雪の滑動(グライド)で岩盤についたすり傷．雪田のまわりのなめらかな岩盤の上に石を並べておき，1年後に行ってみたところ，このようにチョークの線のような幅の広いすり傷がたくさんついていました．滑動する残雪が石をひきずったためについたもので，ハンマーの右上に石が一つ見えます．

大きいのは一メートル以上ずれ動いているのがわかりました。残雪そのものが岩を削るわけではなく、雪の滑動で動かされた石ころが岩盤をわずかずつではありますが、削っていくという仕事をしているのがわかります。

雪が一挙に落ちると、雪崩です。雪崩には、雪が積雪の上をなだれ下る「表層雪崩」と、積雪のもっとも下の部分からずれ落ちる「全層雪崩」があります。雪崩の落下の様子で、「流れ型」「煙り型」「混合型」というようなタイプ分けをすることもあります。また、「表層雪崩」「全層雪崩」「粉雪崩」「氷河雪崩」という分け方もあります。「煙り型」と「粉雪崩」とは同じもので、富山では「あわ」といっています。これは雪まじりの衝撃波をともなった、たいへんな破壊力を持った表層雪崩です。かつて黒部川の発電所建設の

図 6　北アルプス白馬沢の雪崩のデブリ．右側の残雪の上に押しだした土砂はその跡をたどると，写真右側の尾根の中央付近左斜面の沢に発生した全層雪崩によるものだとわかります．

小屋が七〇〇メートルほども飛ばされて谷の対岸の岩壁に叩きつけられ、大勢の人がなくなるという惨事の発生したことがありました。橋や列車が飛ばされたり、雪崩に直接に巻きこまれなかった人も、雪崩にともなって発生した爆風の衝撃で窒息して死亡するというような例も知られています。こういう雪崩は、人間の生命、財産、特に交通路を破壊するということで非常に大きな問題になっていて、ヨーロッパアルプスやカナダでは雪崩の警報システムが開発されています。しかし、地形に与える影響からいうと、表層雪崩は無視してもかまわないでしょう。積雪の上を雪が滑るわけですから、岩や地面には直接には影響が出ないからです。間接的には、木がなぎ倒されて、そこに裸地が形成され、それがもとで斜面が崩れたりすることがあります。

「全層雪崩」というのは、表層雪崩にくらべればゆっくりした動きですが、斜面上に積もっていた雪の層の全体が地面の上を滑るということで、地面に対して大きな仕事をします。これは、春先に山の雪が融け始めるとともに、斜面に積もっていた雪が水を含んでズルズル滑り落ちるものです。あるいは「底雪崩」と呼ばれることもあります。図6は白馬岳で発生した全層雪崩がもたらした土砂です。このようなものを雪崩の「デブリ」と呼んでいます。写真のデブリは、右側の尾根の中ほどの岩壁から落ちてきて下流に溜まったことがわかります。全層雪崩は、ときに川の作用などよりもはるかに大きな仕事を一挙にやってしまうことがあります。

雪崩の通り道

雪崩の結果、山腹斜面にできる溝状の地形が、「雪崩道」とか「アバランチ・シュート」と呼ばれるものです。これは、彫刻刀の丸ノミで削ったような形をしていて、すべすべの岩がむきだしになった溝で、大きなものになると八〇〇メートルぐらいの長さがあります。図1の谷川連峰はその代表的な例で、沢すじの一本一本が全部雪崩道です。冬の間はこの斜面の上の方に大きな雪庇が形成され、それがどんどん落ちて雪崩を頻発します。もっとも、雪崩が何回ぐらいおこるものなのか、はっきりとはわかっていません。観測ができないからです。冬の間は天気の悪いところですから、空から見るにしても、何度も同じところを観察することはできません。

図7は越後駒ヶ岳の雪崩道を下から見上げたものです。この写真の範囲で七〇〇メートルぐらいの高度差があり、四〇度から五〇度ぐらいの傾斜を保ったまま、雪崩道が斜面を直線的に掘り込んでいます。ここでは岩壁沿いに巻き道があるので、雪崩道を何カ所かで間近に見ることができます。雪崩道の岩の表面を見ると、新しいすり傷がたくさんついています。雪崩によってこういうすり傷ができる、あるいは積もった雪がゆっくりと斜面を這い下ることによって岩が磨かれるということを、世界で最初に実験したのは、今村学郎先生です。その結果が戦争の始まる直前に岩波書店から出された『日本アルプスと氷期の氷河』という本

図 7　越後駒ヶ岳北斜面，金山沢の雪崩道．丸ノミで削ったような底の丸い樋のような沢が並んでいます．右側のものは高度差約 700 m.

に書かれています。白馬岳の大雪渓で、岩盤を砥石でといでツルツルにしておいて、そこにどれくらい筋がついていくかを毎年反復観測したのです。

越後山地の雪崩道の何カ所かにマークをつけて、どれぐらいの速さで岩が雪崩で削られていくかという調査をしている人がいます。その結果得られた雪崩道の岩壁の削剥量は、岩壁から受ける印象とはかなり違って、一年間に一ミリの十分の一というような単位でしかありません。何年かに一度ガサッと大きく削られて、それからしばらくは安定しているという削られ方をしているのかもしれません。

雪崩道の集合体を「雪崩斜面」と呼んでいます。この雪崩道や雪崩斜面の傾斜角度には非常に一様性があって、どの山でもだいたい四〇度ぐらいです。それが谷頭の部分から谷底まで、傾斜を変えずに真っ直ぐに下っているので、直線的な斜面が形成されます。それが上越地方、特に谷川岳を中心とする山の地形の大きな特徴です。こういった斜面の傾斜の角度が違うと、また山の風貌が変わります。それで、その地方特有の山の持ち味が出てきます。

また、雪崩がおこるような斜面では大きな木がなかなか生えることができません。だいたいは背の低い灌木で、しかも倒伏して這ったような形で生えています。そのために、雪国の山では下から藪漕ぎをして登ろうとするとたいへんな目に遭います。高い木は積雪の影響が少ない尾根に生えます。その代表が針葉樹です（口絵Ⅲ）。

雪と植物

夏まで雪が積もっているところでは、当然植物は生えないので、残雪のあるところでは植物の分布が雪に大きく影響されます。

日本アルプスなど高い山では、尾根の風上側は風が強いために雪が吹き飛ばされて冬の間ほとんど雪が積もらず、砂礫や石ころがむき出しになった裸地になっています。雪が深く積もるのは、谷や、尾根の風下側です。冬から春に向かうにつれて、雪がだんだん融けていくと、雪窪のように冬の間の積雪が深かったところほど雪が消えるのが遅くなるために、積雪の深さと残雪の期間が植物の生育に大きな影響を及ぼします。

平均積雪深が一メートルぐらいのところではハイマツが生えています。それよりも深くなるともうハイマツはダメになって、東北地方などではチシマザサになります。雪田が融けた水は地面をうるおします。そのおかげで、湿ったところに好んで生えるアオノツガザクラ、イワイチョウのような高山植物が雪田の近くに群をなして成育します。それもまた、どれぐらいの間、雪に覆われているかということで、それに適応できる高山植物の種類が限られてくるので、雪田を中心にして同心円状に一定の植物が帯状に分布して、開花期をずらして花が咲きます。つまり、いろいろな花が無秩序に混ざっているのではなく、その場の環境にかなったものが生えていて、それが次々に開花していくという非常に面白い植物の分布模様を見せるのです。さらにもっと雪が深くて長く残るところでは、植物は生えることができませ

図8　大雪山の横長雪田と植物の分布．大雪山中央にあるお鉢平カルデラを刻む沢には横長の雪田が形成され，沢と沢の間のなだらかな尾根が裸地になり，沢の斜面の上の縁にハイマツ，その下にナナカマド，そして高山植物が帯状に分布していて，面白い縞模様をつくっています．中央が北海道の最高峰旭岳(2290 m)．

ん。そこは砂利の斜面になります。それを「残雪砂礫地」と呼んでいます。

図8は小さな谷に刻まれた大雪山の斜面です。出っ張った尾根の縁に黒く見えるのがハイマツが生えている部分です。ここは雪が飛ばされて積もりにくいところです。その下に見える少し暗い帯がナナカマドです。ナナカマドはハイマツよりも風下側のちょうど雪庇ができるところで、雪の下に保護されて冬の寒さをしのいで生育しています。それよりも下になると、雪が谷

底に詰まるので、裸地になってしまいます。裸地は谷底のほかに風上側の冬に雪が積もらないところにもあります。山ではこのような積雪の違いによる植物の住み分けが起こっています。ここでは秋が訪れると、真っ赤に紅葉するナナカマド、黄色になる高山植物、緑のハイマツ、それに真っ白な残雪がたいへん面白く美しい模様をつくります。

また、残雪は、山の上の湿原をつくるのに大きく貢献しているだろうと思います。これは冷たい雪融け水が山の斜面をジメジメにするからで、水がたまるような条件の整ったところでは湿原が形成されます。東北地方の山の上の湿原の分布を調べると、雪の多い奥羽山脈の脊梁部には各地に湿原がたくさんあります。しかし、阿武隈には湿原といえるものは一つもありません。北上山地でもまれです。これは明らかに雪の深さを反映していて、山の上の湿原の形成は、気温が低いだけではなくて雪融け水の供給が必要なことを物語っています。それともうひとつ、日本の山の湿原の特徴としてあげられることは、それが火山に多いことです。大雪山、八甲田山、八幡平、尾瀬ヶ原、立山弥陀ヶ原など大きな湿原はすべて火山にあります。これは火山の噴出物が谷を埋めて排水を悪くしたり、水を透しにくい火山泥流が斜面をおおったりしているためです。

こういった積雪と植物の関係も雪国の山の景観に、特有の彩りをそえる原因のひとつとなっているのです。

5 凍土の山

地面も凍る

地面が凍るといっても、暖かい地方の人には感じがつかみにくいかもしれません。関東地方ですと、冬には霜柱が立ちます。これは土の中の水、それも地表部分の水が凍って表面のごく薄い土をもちあげたものです。寒さのきつい北海道では、地面が数十センチメートルの深さまで凍りつき、地面の中に氷の層や霜柱の層ができるというようなことになります。これが、地面が凍るということです。

山は平地よりも気温が低いので、関東や中部地方でも山の上では地面が凍ります。このときに積雪のあるなしが、大きく影響してきます。積雪はそれ自体冷たいものですが、発泡スチロールのように空気を大量に含んでいるので、実は保温効果があります。冬山で雪の中に

図1　不均等な積雪．白馬岳から北へ，手前から鉢ヶ岳，雪倉岳，朝日岳へと連なる後立山連峰北部の稜線で，左が西斜面，右が東斜面です．風の強い西側斜面の稜線付近では，雪が強風でとばされてしまいほとんど積もりません．

穴を掘って雪洞をつくったり、雪のブロックを切り出してエスキモーのイグルーという小屋のように半球状に積み上げて、その中で寝ることがあります。雪の穴にもぐったらさぞ寒かろうと想像するかもしれませんが、人間の体から発せられる熱が保たれて案外暖かなものです。このように積雪には保温効果があるので、低い山では地面の上に雪が積もっていると、外の寒気にさらされることなしに地面は凍らずにすみますが、それも積雪の保温効果のおかげです。植物でも、ササなどは深い雪の下で冬を越します。

もちろん、山は高いところほど気温が低いわけで、三〇〇〇メートルに近いような高い山を登っていくと、どこかで「森林限界」を越えます。その上は、高山植物の広がる世界です。前の章で見たように木が生えているところでは、積雪がありますが、木がないところでは、風が雪を吹き飛ばし、風上側と風下側で積雪に不均衡ができます。同じ方向を向いた斜面でも出っ張った部分では雪が風に飛ばされてしまい、低いところに吹き溜まるということになります(図1)。そのため、冬の間あまり雪の積もらない尾根筋や、出っ張った部分の地面は冬の寒気にさらされて、深くまで凍ることになります。

北にゆくほど気温が下がり森林限界の高度も低くなることと(第1章図2)、盆地や凹地では冷気がたまる効果もあって、北海道では山地ばかりでなく平地でもかなり広い範囲で地面が凍ります。このように地面が凍ると、雪とはまた違った作用が地面に働いて独特の地形景観が形づくられます。

永久凍土と季節凍土

地面の凍結には、三つのタイプがあります。一つは「永久凍土」です。永久凍土は夏の間、地面の表面が一〜二メートルほど融けても、深いところは一年中ずっと凍ったままの状態が保たれているものです。日本では、富士山の八合目から上とか、大雪山の二〇〇〇メートルぐらいから上では、年平均気温がマイナス三度以下と低く、永久凍土が存在しています(第1章図2参照)。大雪山は周囲が比較的急で、雪田があったり、昔氷河で削られた疑いのある地形もありますが、山の上のほうは比較的のんびりした台地状の地形で、そこに火山がいくつも点在しています(図2)。ここの森林限界から上の裸地には、かなり広範囲に永久凍

図2　永久凍土が分布する大雪山中央部．お鉢平カルデラ噴出物がつくる 2000 m 以上の台地は，年平均気温が −3℃ 以下で，永久凍土が広く分布しています．左が黒岳(1948 m)，右が烏帽子岳，遠景がニセイカウシュペ山(1880 m)．

土のあることがわかっています。さらに、不思議なことに森林限界よりも低いところですが、北海道の十勝地方と北見地方が接するあたりの針葉樹の山の中の方々で永久凍土がみつかっています。

このような日本の永久凍土は面積としてはあまり広いものはありませんが、シベリアやアラスカには広大な永久凍土地帯があります。永久凍土の厚さは東シベリアでは平均して四〇〇メートルから六〇〇メートルぐらい、アラスカでは、二百数十メートルであることがわかっています。中国でもチベットを中心に、青蔵高原一帯に永久凍土が分布しています。真冬にはマイナス六〇度にもなる、北半球で最も寒い東シベリアのレナ川中流域のヤクート地方では、真夏には気温が三〇度を越え地表は針葉樹の森でおおわれています。いわゆるシベリアのタイガです。しかしここの地面の下は一メートルぐらいから下が、夏でもカチカチに凍ったままです。この付近の降水量は年三〇〇ミリメートル程度ですから、夏の永久凍土の融け水がなければとても森林が成り立つようなところではありません。シベリアのタイガは永久凍土のたまものです。このタイガの森林を切り払ったところとか、あるいは川岸のように崖の切り立ったところなどでは、地面に直射日光が当たりますから、温度があがって土が融けだします。すると、がっちり固まっていた土が軟らかくなってずるずると地面が動き出してしまいます。凍土の崖が融けて急に崩れるのが「融解地すべり」で、融けた土がゆっくり斜面を這い下る現象は「ソリフラクション」とよばれています。

土が凍る二番目のものは「季節的凍土」です。冬の間は地面が凍っているが、夏になるとすっかり融けてしまうものです。したがって地面が凍る深さも、せいぜい一メートル前後です。日本の山で地面が凍るのはほとんど季節的凍土です。日本海側の雪の多いところでは、地面の温度が〇度以下にならないうちに深い積雪におおわれてしまうので、凍土はできません。雪国でも、高い山では、雪が降る前に気温が下がって、秋のうちに地面が凍るというところがあります。そういうところでは、いったん凍ってしまった地面の上に雪が積もって、その状態が雪融けまで続くことになります。このようなことから、雪国では地面が凍るのは高い山の上に限られています。ところが、太平洋側の山は、あまり雪が降らないので、寒気がすぐに地中に及んで、それほど高い山でなくても地面が凍ります。東京都で最も高い雲取山は二〇一七メートルの山ですが、冬に登ってみると地面は凍っています。

三番目の凍土は、「日周的凍土」というものです。これは夜になると地面が凍結し、昼になると融けてしまうというものです。これは日本にはありません。熱帯の山、特に赤道直下の乾燥した熱帯、たとえばアンデスの山などで見られます。

凍結と融解の作用

水が凍ると体積が一割ちかく膨張します。イギリスの科学者ティンダルが百年ほど前、子供向けの講演をもとにして書いた『水の姿』という本があります。その中に、大砲の中に水を詰めて栓をして寒い野外に置いておいたら大砲が破裂したとか、カナダでは大砲に水をつめ木の栓をして外に置いておいたら、大砲の中の水が凍って木の栓が抜けて弾丸となって数百メートル飛んでいったとか、氷の面白い働きが書かれています。とにかく、水が凍ると大きな圧力を生み出します。寒いところでは、岩の割れ目にしみ込んだ水が凍ると割れ目をこじあけて、岩を割ります。そして凍っている間は、氷が岩の接着剤の役割をするので岩が割れても動きませんが、氷が融けて水になって流れてしまうと、隙間がゆるんで岩が動きます。それで、春先の山ではよく落石が起こります。春の連休の頃、穂高岳の涸沢《からさわ》などでは、岩壁に日がさしてしばらくすると岩が落ち、カラカラという乾いた音とともに、プーンと硝煙の臭いがしてくるというようなことがよく観察されます。

地面に土のあるところでは、霜柱ができるとそれが石や土を持ち上げます。霜柱は地面の熱が逃げる方向に成長していくので、もし垂直な壁に霜柱が立つとすると、霜柱はほぼ水平方向に伸びていきます。それが融けると、霜柱が引っ込むことはなくて、根元から融けて倒れ落ちてしまいます。そのとき霜柱の頭に土や石が乗っていれば、それらは霜柱とともに地面に落ちるということになります。それが斜面だったとしたら、霜柱が伸びると石が斜めに持ち上げられて、霜柱が融けると鉛直方向にストンと落ちます。次にまた霜柱ができると、石はまた斜めに押し上げられて、融けるときには鉛直に落ちるというぐあいにして、シャクトリムシ式に斜面の下の方へ動いていきます。このようにして、霜柱は土や石を動かす働きをします。

山の斜面の地面がカチカチに凍って、その下に霜柱層というか氷の層ができると、その分だけ地面が持ち上げられます。これは「凍上」という現象で、北海道ではごく普通に平地でも見られます。ところが、不思議なことに凍った地面というのは収縮します。地面が凍ると縦の方向には凍上で伸びますが、水平方向には収縮します。そこで寒さがどんどん増して地面の冷却が進行すると、地面は収縮に耐えきれなくなってついに地面に割れ目ができるということが起こります。永久凍土地帯では、これによって地表面に直径一〇メートル以上の大きな多角形の模様ができます。あとで紹介する「構造土」の一種で、大雪山でも見られます。

瓦礫の斜面の正体

高い山を歩くと、稜線付近に大小さまざまな岩屑が斜面をおおっているところがあります。そのようなところでは、山靴でちょっと石を払いのけてやると下から土が出てきます。高山植物の根がそこまで下りていたりします。平地では地表面に土があって、掘っていくと石ころが増えていくのに、山の上では逆になっているのです。これは地面が凍るという現象にともなって、地中の石が地表に押し出されたことによるものです。

地中に石があったときに地面が凍っていくと何がおこるのか考えてみます(図3)。地面は当然地表面から凍っていくので、だんだん凍結が下へと及んでいって、土の中に霜柱層や氷

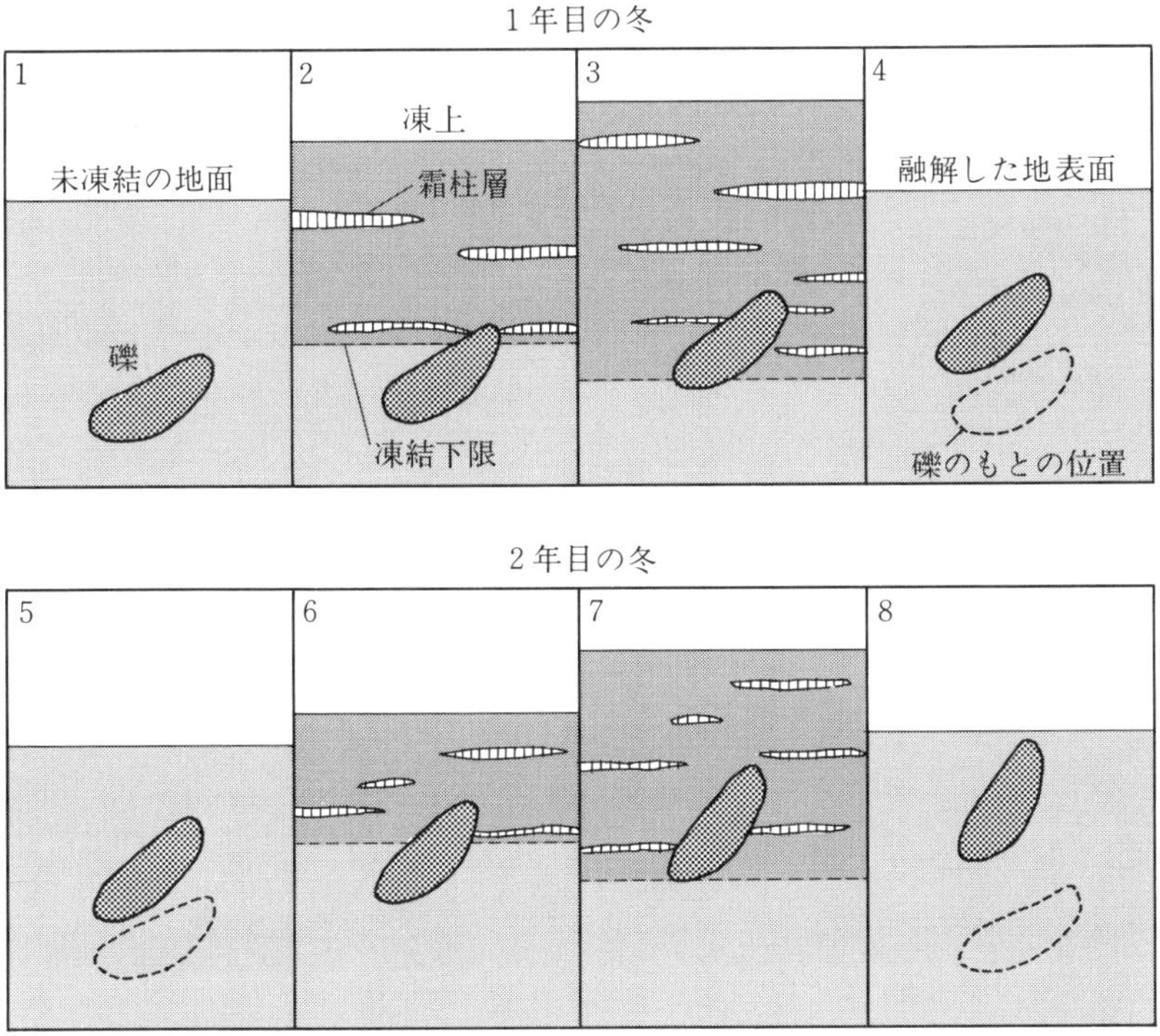

図3 礫の凍着凍上．礫が周囲の土に凍りつき，土の凍上といっしょに地表に向かって引っ張り上げられる現象を，礫の凍着凍上といいます．

の層ができ、その分だけ地面は持ち上げられます。つまり凍上がおこります。ちょうど石のある位置まで土が凍るようになったときに、石の頭のところが周りの土といっしょに凍りつくために、凍上する土に引きずられて石もいっしょに持ち上げられます。そうすると、もともと石があった地中の下の部分のところは空洞になって残ります。その周りの土は凍っていませんから周囲から土がそのすき間へ崩れて落ちてきます。その後、凍っていた土が融けると、地面は凍上する前の高さに戻りますが、この石はもとのところへ戻れなくて、いくらか持ち上がった位置にとどまります。そして、次の年にまた地面が凍って同じことがおこると、石はまた少

図4　北アルプス蝶ヶ岳の岩屑斜面．頂上付近の西側斜面は，冬の間雪がほとんど積もらず，凍結の作用で岩が割れて岩屑ができます．ここではコブシ大程度の大きさのものがほとんどです．

し持ち上げられます。こういうことを毎年毎年繰り返していると、そのうちに地表面に石ころが放り出されてしまうことになります。このような現象を礫の「凍着凍上」といっています。山の地面を掘って調べると、地表にはこのようにして放り出された石がごろごろとして、その下に細かい土の層があって、さらにその下に岩屑の層があります。凍結の作用が及んでいる深さにある石はいずれ地表に放り出されてしまうわけですから、地中に岩屑がいまある深さというのは、そこまでは凍結の作用の及んでいない深さだということがわかります。

このような凍結と融解の作用によって、いろいろな地形ができ上がります。

図5　ヒマラヤの岩塊斜面．海抜 5400 m ぐらいから上にはこのような大きな岩塊におおわれた斜面が見られます．右下のリュックサックと比べると岩塊の大きさがわかります．

たとえば白馬岳の西側の斜面とか、蝶ヶ岳の頂上の稜線とかに、大小さまざまの瓦礫が斜面全体をおおっているようなところがあります（図4）。それを、「岩屑斜面」といっています。もう少し大きなひと抱えもありそうな岩がゴロゴロしている斜面は「岩塊斜面」といって区別しています。大きな岩塊がごろごろしている岩塊斜面は、アンデスやヒマラヤでも氷河のある高さにいかないと見られません。図5はヒマラヤのエベレストの近くで、五四〇〇メートルぐらいの高さです。置いてあるリュックと比べると岩の大きさの見当がつくように、日本の岩屑斜面とは桁違いの大きさの岩塊です。凍結融解の作用で割れる岩の大きさは、岩石の性質にもよりますが、いわば凍結の激しさに関係があって、永久凍土があるようなところでなければ大きな岩塊ができないと考えられています。どうも現在の日本の北アルプス程度の気候では、小さな岩屑しかできないらしいのです。

ほぼ平らな、あまり傾斜のないところで、岩塊がゴロゴロしているものは、「岩石原」といっています。そのような岩のゴロゴロしたところは、昔の信州の山の人たちの言葉でいうと、「ゴウロ」というものです。ゴウロのある山を「黒部のゴウロ岳」とか「野口ゴウロ岳」などと呼んでいたのを、昔の地図つくりの人たちが「ゴロウ」と聞き間違えて、山の名前を、黒部五郎岳や野口五郎岳というようにしてしまったといわれています。北海道のトムラウシ山はほとんど全山が岩塊でおおわれた、日本ではいちばん大規模な岩石原の山ではないかと思います。蓼科《たてしな》山の山頂にも典型的な岩石原が見られます。また、都会の歩道の石畳みたいに、きれいに平板状に割れた石が水平に敷きつめたようなものは「石畳」といっています。これは大雪山の一部などで見ることができます。

動く地面

地面が凍っているときには、かちかちに凍った土の層の間に氷の層とか霜柱の層が挟まれています。それが春になると地面の上の方から融け始めます。すると、融けた水は、まだ下の土が凍っているので、下に滲み込んでいくことができません。地面の上にたまって泥粥の

図6　北アルプスの階段状構造土(階状土)．白馬岳(左)北方の鉢ヶ岳北斜面には，ソリフラクションでできたこのような大型の階段状の構造土が分布しています．

ような状態になります。そこが斜面であれば、泥がズルズルと這い下ることになり、小さな泥流が発生します。このような泥流は数メートルも流れると、水が拡散して止まってしまいます。それほど速くない地面の動きは先に述べたソリフラクションです。凍土の山では春になると、次々にこういうことがおこって、斜面の表面の岩屑や土が斜面を這い下っていきます。その速さは、日本の山では年に数十センチメートル程度の大変遅い動きです。川が流れて谷が掘られるのではなく、斜面全体の岩屑と土がゆっくり這い下るため、結果として、山の斜面はなめらかにされていきます。

地面の融解は季節の進行とともに深くに及んでいきます。ですから、最初に動き始めるのがごく表層のところ、その次に少し深くまで、その次にさらに深くまでというようにして移動がおこります。これを積算すると表面がいちばん速く動いて、

図7　北アルプス鉢ヶ岳西斜面の縞模様．鉢ヶ岳の西斜面は本章図１のように冬の間ほとんど雪が積もらず，凍結融解の作用で岩屑が斜面を這い下り，このような縞模様をつくっています．

深いところで動きがゼロになります。草むらや大きな礫があると、そこでブレーキがかかり、動きが止まって階段状の微地形、「階状土」ができます（図６）。それでも植物を巻き込んで、前面に崖をつくりながらズルズル滑っていくこともあります。動きの規模が大きくなると、前面の高山植物の群落が押されて丸まり、中が空洞になってしまうことがあります。

日本アルプスでは、積雪期に、風上側には雪がほとんど積もりません（図１）。

図8　大雪山の岩塊流．右下の人がいるあたりで，高山植物の草むらが岩塊に押されてまくれ上がっていて，岩塊の集まりが全体として動いていることがわかります．

春先になれば、そこではすぐに地面が出てきます。そうすると、太陽の光を受けて地面が融け出し、斜面の岩屑はズルズルと動き始めます。一方、植物も成長していって、斜面を占領しようとしますから、這い下る岩屑と斜面をのぼろうとする植物の競争が起こって、面白い縞模様ができます(図7)。この写真の斜面は図1の中央に見える鉢ヶ岳の西斜面で、二つの写真を見比べると積雪と植生および地形との関係がわかります。岩屑斜面は、斜面の表層の物質全体がずり動いているために、上に凸のなめらかな斜面になっています。残雪のあるところでは逆に、底が浅くてまわりがかなり直線的な斜面になっていて、対照的な形を呈します。そのため両者が入りまじった凍土の山では、山の斜面の構成が非常に複雑になっています。

瓦礫の斜面でも、隙間だらけに積み重なった岩塊が不思議なことに動きます。動きのメカニズムはまだ完全にわかったわけではありませんが、隙間に入りこんだ雪だとか融け水が凍ってできた氷が岩の隙間を埋めたり、あるいは岩塊の接点部分に氷が形成されたりして、それが潤滑剤の役割をしているらしいのです。大変ゆっくり流れるもので、「岩塊流」といいます。図8は大雪山の岩塊流です。人物がいる右下の方を見ると、高山植物の生えた地面を押してしわをつくっているので、斜面の岩塊が全体としてずり動いていることがわかります。

凍結と融解の作用で地表の礫や地面が動いてできる小さな地形に、「構造土」という地面の模様があります。構造土には、地面の礫がより分けられて地面に模様ができるものと、植物群落や地面にできた割れ目が模様をつくるものとがあります。その模様には、円形、亀甲状、網目状、縞状、階段状などさまざまなものがあって、それぞれ「円形土」、「多角形土」、「網状土」、「縞状土」、「階状土」と呼ばれています(図9)。

構造土がどういうぐあいにしてできるかということを図10に示します。これは南アルプス鳳凰山の縞状土のでき方を観察して描いたもので、構造土を掘ってみると、図のように、礫がたくさん集まっている部分と、そうでない部分とが交互に入れ違っています。土が凍っていないときには礫が集まった部分がわずかに高くなっています。地面が凍ると全体が持ち上がります。凍上です。そうして融けるときには、礫の集まった部分のところが先に融けて低

図 9　さまざまな構造土．上から縞状土，多角形土，円形土．北極海のスピッツベルゲン島で．

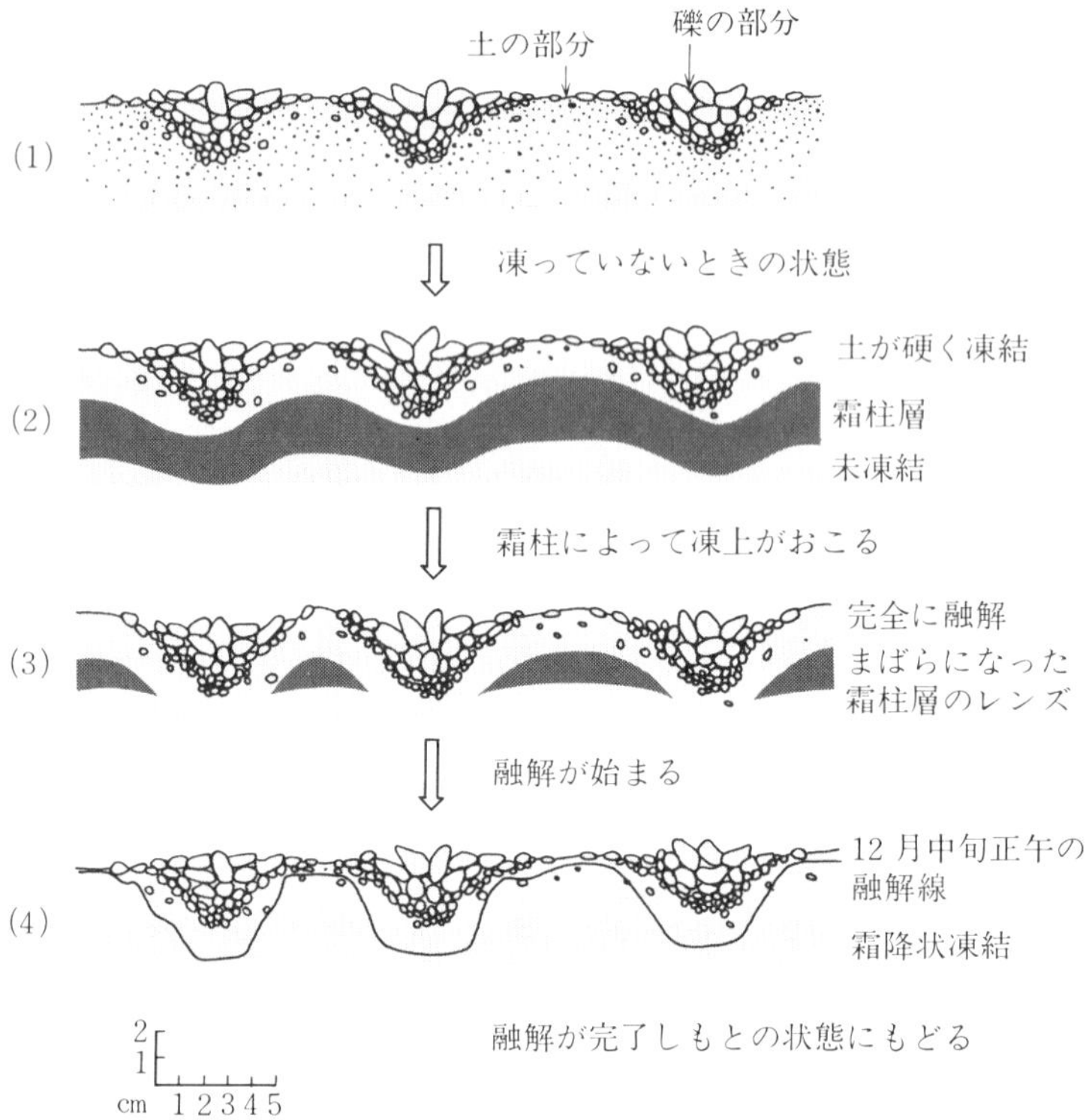

図 10　構造土の発達．地表の礫が凍結割れ目に落ち込んで原型ができ，やがてそれがひろがって溝状のくぼみができます．日中の凍っていないときは溝状のくぼみに礫がつまって，その部分が少し高くなっています(1)．夜間には地表が固く凍って凍上します(2)．地面が融け始めると，礫部分の方が早く融けて沈降し，土の部分の方が高くなって地表の礫は礫の部分の方へと移動します(3)．11 月初旬，南アルプス鳳凰山での観察．（小疇尚，1961）

くなり、間が盛り上がったまましばらく残ります。高いところにある礫は不安定になって転がり落ちたり、あるいは風で飛ばされて低いほうへ持っていかれ、礫が集まります。完全に融けて一回の凍結と融解のサイクルがめぐると、礫の集まっているところが逆にまた高くなります。

地表に礫がなく草が密生しているところでは、高さ・直径がともに数十センチメートル

図 11　なだらかな北見山地北部の山々．海抜 800 m から 1000 m の針葉樹におおわれたなだらかな山が連なっています．

の円丘形の土まんじゅうができます。これは「凍結坊主」で、北海道や北上山地から九州の九重火山まで広く分布しています。同じようなものに、泥炭層の中に氷の層ができてそれが地面を持ち上げる、北欧の言葉で「パルサ」という数十センチメートルから数メートル程度の高まりがあります。これは永久凍土のところにしかできません。日本では数年前に大雪山で、北海道大学の大学院生によって発見されました。

なだらかな北海道の山

北海道でも北見山地の山を見ると、本州の山と非常に違った形をしています。高さも一〇〇〇メートル前後で低いこともありますが、斜面が全体になめらかで谷も広く、何かメリハリに欠けます。そこをエゾマツ、トドマツの針葉樹が地表を覆って、わずかな起伏を隠しているので、なだらかな実にのんびりとした山の風景になります(図11)。まるで西ヨーロッパの老年山地のようです。

こういう山の中に入っていくと、針葉樹の林の下の地表面はコケでおおわれていて、どこからか水の音がチョロチョロ聞こえることがあります。しかし、どこをさがしても地表面には水は見られません。コケの下には岩塊がゴロゴロしていて地面の中は隙間だらけです。現在は木が生えていて、地表にコケがありますから、岩塊をつくる作用がいま働いているとは考えられません。現在も凍結融解で岩塊ができるほどであれば、当然、地上は岩屑だらけになっているはずですから、岩塊が生まれたのは気候が今より寒く、ここに森がなかったような時代、氷河時代です。

地面を掘ると、数十センチメートル下で、岩屑が氷漬けになっています。永久凍土です。水が永久凍土の上の岩の隙間を伝わって流れています。その水がチョロチョロと音をたてているのです。ここでは永久凍土を存続させるうえで、このコケが非常に重要な役割を果たしているようです。地面の下は隙間だらけの岩屑層です。冷たい空気は重いので隙間を伝わって下の方へと沈んでいくため、ここは地面の中に寒気が伝わりやすくなっています。そして、春になって暖かくなっても、冷たい空気は下に残って、なかなか抜けにくいだろうと考えられます。しかも、コケは凍ると熱伝導が途端によくなって、寒さを非常によく伝えます。反対に乾くとスポンジと同じでフワフワになって熱が伝わらなくなります。夏はコケが乾くので、夏の暖かさは下には入っていかず、寒さが保たれます。このようにして、永久凍土が意外に低いところにも形成されているのです。

こうして、ここの永久凍土は、上に密生した針葉樹林が日射をさえぎり、コケのマットで保護されることによって存続しているものです。ですから、木を切って林道をつけたりすると、地面に直接日光が当たって、永久凍土が融け始めます。固く凍結していた岩屑が融けると、斜面をずるずるとすべっていきます。こうして、斜面が融解地すべりに似た崩壊を起こすので、木は足元をすくわれて倒れてしまいます。それでまた崩壊地が広がるという悪循環がおこって、崩壊地は拡大していきます。

氷河時代の北見地方を考えてみると、このあたりは厳しい寒さのために木が生えない丸坊主の、永久凍土の山だったに違いありません。そこでは、凍結と融解の作用によって大きな岩塊がつくられていて、山の斜面には岩屑がごろごろしていました。春になると凍りついていた岩屑層が融け出して、いま山の木を切って永久凍土が融けて斜面が崩壊するようなことと同様のことが、最後の氷河期だけでも数万年間続いていました。そういうことが長いこと続くと、斜面はだんだんならされて、なだらかな地形ができあがります。北海道北部の山の、谷が少なくおだやかな起伏の地形はそのようにしてできたものと考えられます。また、この北見山地は日本で一番降水量が少ないところで、年間の降水量が八〇〇ミリ程度ですから、川が谷を刻む力も弱くて、谷のほとんど目立たない山の姿が保たれているのです。

6　氷河の山

北アルプスの山

北アルプスは、高さの点では日本第二の高峰、北岳のある南アルプスに及びません。しかし山の風格という点では、北アルプスは日本を代表する高山であるといってよいでしょう。ことに槍・穂高連峰、剱・立山連峰、後立山連峰には尖峰と岩壁の連なる、見事な高山景観が展開しています。こうした荒々しい男性的な山容の山は、北アルプスだからといってどこにでもあるというわけではなく、先に述べたようにその縁の部分に限られています。北アルプスでも侵食の主役は河川の働きですが、これらの岩峰の形成には雪と氷が重要な役割を果たしてきました。

北アルプスの特徴のひとつは、残雪がからまった山岳景観がよく見られることです。山に登ると、高さが増すとともに気温が低くなり、やがて森林限界に達します。この森林限界は、世界的には、いちばん暖かい月の平均気温が一〇度の線にほぼ一致するといわれています。北アルプスは大雪山とともに森林限界から上の吹きさらしの斜面が日本で最も広い山地です。しかも雪が多く、盛夏にも豊かな残雪が見られます。雪田の周辺では、水が豊富なため高山植物が密に生え、高山植物のお花畑が広がって、登山者の目を楽しませてくれます。

冬の雪をもたらすのはいうまでもなく北西の季節風です。北陸の海岸線を見ますと、能登半島が張り出していて、その東に富山湾が入りこんでいます。富山湾は大変深い海ですが、そこから東が急激に高くなって、白馬《しろうま》岳を中心とする後立山連峰、剱岳と立山の連峰という北アルプス北部の山々がそびえ立ちます。海から白馬岳や剱岳までの距離は、三〇キロメートル弱でそれほど遠くはありません。しかも能登半島の山が低いので日本海を渡ってくる雪をはらんだ風は、まともに北アルプス北部の剱・立山連峰と後立山連峰にぶつかり、大量の雪がここに降り積もって、夏まで雪が残って大きな雪渓がずらっと並ぶことになります(図1)。日本でいちばん大きな雪渓は剱岳の剱沢、二番目と三番目が白馬岳の白馬沢と大雪渓です。北アルプスのこれらの雪渓や雪田の底が氷になっていることは、半世紀以上も前からわかっています。

現在の北アルプスにこれだけの雪があるということは、今よりも寒かった氷河時代にはもっと多くの残雪があったに違いないと考えることができます。そうすると、雪渓のかさが今

図1　剱・立山連峰．北アルプスの北西端にあるので，開析がすすんで大起伏の山が連なっています．また，日本海に近いため雪が多く，大きな雪渓がたくさんあります．山の上部の残雪のある浅い窪みが圏谷とそれにつづくU字谷です．左が立山(3015 m)，右が剱岳(2998 m)で，第2章の図5はこの稜線です．手前の尾根との間が黒部谷．

よりもずっと高かったはずです。しかも雪が十分にあれば、ただの雪渓ではなくて、氷河になっていたのではなかろうかという疑いがわいてきます。そういう眼で北アルプスの雪渓がある谷の形を見ると、氷河が削ったU字形の谷に似ているという感じがしてきます。もしもそうなら、北アルプスで現在大きな雪渓があるところは、氷河時代には氷が詰まっていた氷河の名残だといってよいようです。そのほかにも、北アルプスにはかつて氷河が存在したことを示す、氷河の痕跡が方々に見られます。それを訪ねる前に、ここで氷河の働きをみておくことにしましょう。

氷河の流れ

森林限界よりもさらに高いところに上がっていくと、気温がますます低くなって、冬の間降った雪が夏の間に融けきらないうちに、また次の冬がきて雪が降るというような状況になります。したがってある高さから上では、降り積もった雪が融けきらないうちに新たに雪が降り積もりますから、積雪のかさが増える一方になります。

話を単純化して、雪は気温が〇度以下ならば融けないとしてみます。そうしますと、気温がマイナスであればいくら寒かろうが同じことで、雪は融けずにどんどん積もります。したがって雪が融けずに残るには夏の暑さが問題で、真夏の平均気温が〇度よりも高いところではまずだめです。しかし、積もる雪の量が多くて融ける量を上回れば、気温がそれより多少高くても夏に雪が残ります。周囲よりもはるかに多量に雪をため込んだ雪渓がそのよい例です。こういう条件を考えると、積雪が増える一方になる高さがわかってきます。そのようになる位置の下限を「雪線《せっせん》」といっています。ただ、この雪線は降る雪の量と融ける雪の量のバランスで決まりますから、森林限界のようにほとんど温度だけで高さが決まるという単純なものではありません。

降り積もった雪は自分の重みでつぶれます。そして融けたり凍ったりを繰り返したり、結晶どうしがくっつきあって、雪は氷に変わっていきます。それと同時に、山の斜面を重力に引きずられ、谷を埋めて流れ下ります。これが氷河です。山は上の方が寒くて下が暖かいので、ひとつの氷河を考えると、山の上の方で氷河が成長していき、下の方では流れ下った氷河が融けて消耗していくはずです。すると、氷河のどこかで、ある一線を境にして、そこから上では氷河がふとっていって、そこから下では消えていく方が多いというところができるはずです。一年間を通じての積雪の収支でいうと、その線より上ではプラス、下ではマイナスです。このプラス・マイナス・ゼロの線が、実は雪線です。つまり、氷河は雪線の上で育って、雪線を越えて流れ下り、その間に融けて痩せほそり消滅していくのです。

夏にアルプスの氷河を訪れると、ある一線を境にして上は真っ白なのに、それより下には汚れた氷が顔を出しているのが見られます(図2)。誰の目にも明らかな、氷河の上のその境界が「万年雪線」で、その線を氷河におおわれていない岩の斜面にもつなげたとしたときに考えられる線が雪線です。そこから上では夏でも雪が融けずに積もるので、氷河は絶えず新雪におおわれていて真っ白に見えます。しかしそこから下では、夏は雪が融けて新しい雪が積もらないばかりか、上から押し流されてきた氷河も融ける一方となり、その中に含まれている岩屑が氷河の表面に浮き出して、こういう汚い色になります。そのため、氷河のある山に夏行くと、雪線がどのあたりにあるのか一目でわかります。

雪線の高さがいちばん高いのは、単純に考えると最も気温が高い赤道直下のような気がします。しかし、実は、赤道よりもそこからいくらか南北に離れた地域で雪線が高くなっています。アフリカでいうとサハラ砂漠のあるような乾燥地域です。ここでは、山の上であっても雪がほとんど降らないので、雪線が高いのです。ボリビアの南緯一七度ぐらいですと、雪

図2　アルプスの氷河．正面のブライトホルン氷河は上部が新雪におおわれて白くかがやいています．その下限が万年雪線で，氷河はそれより上で育ち，流れ下るにつれて融けていきます．氷河の上の岩屑のすじはモレーン．

線高度は六〇〇〇メートルを越えます。赤道直下ではむしろ雨がよく降り、それが山の上のほうでは雪になるので、雪線高度は逆に下がっています。

現在の日本では、雪線は山にかかっていません。第1章の図2には空中に雪線が引いてあります。これは、輪島や稚内の高層気象データを基にして考えられたものです。ただ雪の量は勘案されていません。雪がたくさん降る日本海側では、これよりも現在の雪線高度は低くなる可能性が十分にあります。もしも富士山が日本海側にあれば現在でも氷河が見られるのでしょうが、立山では雪線の高さにまで届いていません。しかし、地球上の気温が全体に低かった氷河時代には雪線が下がって、日本でも富士山や日本アルプスの高山、東北地方や北海道の山では、山腹に雪線がかかっていたと考えられます。日本の山にも氷河がつくった地形が見られるので、そのことがわかります。

氷河の働き

氷河は流れるといってきましたが、氷は固体ですから、水のようには自由自在に速やかに斜面を流れることはできず、大きなかたまりになってゆっくりと斜面を流れ下ります。氷河が流れる速さは、一年間に数十メートルから数百メートルで、川に比べるとはるかに遅いものです。そのため、川は谷のいちばんへこんだ底の部分だけを満たす一筋の流れですが、氷河は谷いっぱいに厚く詰まって流れ下ります。そのため、たいへんな圧力が氷河の下の岩盤にも脇の壁にも加わります。それで氷河は、岩を削り、岩塊をはぎとるということをします。氷河の底では圧力がかかっているので、氷は〇度よりも少し低い温度で融けます。そのとき氷の融ける温度を「圧力融解点」といっています。圧力がかかればかかるほどこの温度が低くなります。そこで、氷河の下に岩の出っ張りが隠れていると、岩の上流側にはたいへんな圧力がかかりますから、氷河の底が融けて岩の表面に薄い水の膜ができます。それが潤滑剤の役割をして、氷はわりあいスムーズにその出っ張りを乗り越えます。氷が岩の突起を乗り越えると圧力が抜けて、「復氷」という現象が起こって融けていた水が凍り、岩と氷が固く凍りついてしまいます。ところが氷河はかたまりとして動いていきますから、氷河に凍りついた岩はその氷河の動きで下流側がはぎとられてしまいます。こうして氷河にはぎとられた岩塊は氷の下敷きになってひきずられ、大きな圧力で岩盤に押しつけられて下の岩を削るとともに粉々に砕け、大量の粘土がつくられます。包丁などの刃物を砥石でとぐと砥石が削られて細かい粉が浮いてくるのと同じように、氷河の場合にも岩が粉砕されて細かい粒ができます。それが氷河の融け水にまざって、氷河から流れ出る川の水は白く濁っています。これを氷河のミルク、「グレーシャー・ミルク」といっています。日本の谷川の水がきれいに澄んでいるのは、源に氷河がないこともひとつの原因です。

氷河のもう一つの大きな作用は岩屑を運ぶことです。川は液体の流れですから、大きな重量のある岩塊などはとても運ぶことができません。しかし氷河は固体の流れですから、その

図3　モレーンと氷河湖．氷河の先端には氷河で運ばれた岩屑が堆積し，氷河がしりぞくと高まりを残します．これはアンデス山中の現在の氷河の末端から数百メートル前方にあるごく新しい時代のモレーンで，形がほとんどこわれていません．

上にたとえ小屋ぐらいの大きな岩が落ちてきても運び去ることができます。カナダのカルガリーの郊外には、ロッキー山脈中の山の岩壁から落ちて約四〇〇キロメートルの距離を氷河で運ばれてきた、一万八〇〇〇トンもある巨大な岩塊が麦畑のなかに残っています。このように氷河は岩屑を、氷の表面に載せて運ぶこともできるし、氷の中に入れて氷の底を引きずって運ぶこともできます。つまり、氷河というのは山から土砂を運び去るベルトコンベアのような、非常に効率のよい岩屑の運搬手段としての役割をします。さらに氷河の前面ではブルドーザーのように岩屑を押すので、大量の岩屑が山の中から氷河によってその末端まで運ばれます。そして最後には、運んできた土砂を氷河の末端に捨てることになります。氷河が捨てた岩屑の高まりが「モレーン」、日本語では「堆石堤」で、

図 4　北アルプスの薬師岳と水晶岳の圏谷．遠景の薬師岳(2926 m)とその手前の水晶岳(2986 m)の稜線の東側直下に浅くくぼんだ圏谷が並んでいます．氷河期にも西風で雪がとばされて，稜線の東側に吹きだまり，それが圏谷をつくったことがわかります．

その中身は大小の岩屑や粘土などの乱雑な堆積物です。

現在の氷河の先端よりも前面や、氷河のない谷の下流にモレーンがよくみつかります(図3)。モレーンがそこにあるということは、氷河の上にのっていたり氷の中に含まれていた岩屑がそこまで運ばれてきていたということなので、かつて氷河がいまよりも前進していて、末端がそこまできていたということの何よりの証拠になります。

氷河がつくった地形

このように氷河は岩を削る作用と、岩屑を運ぶ作用の二つに

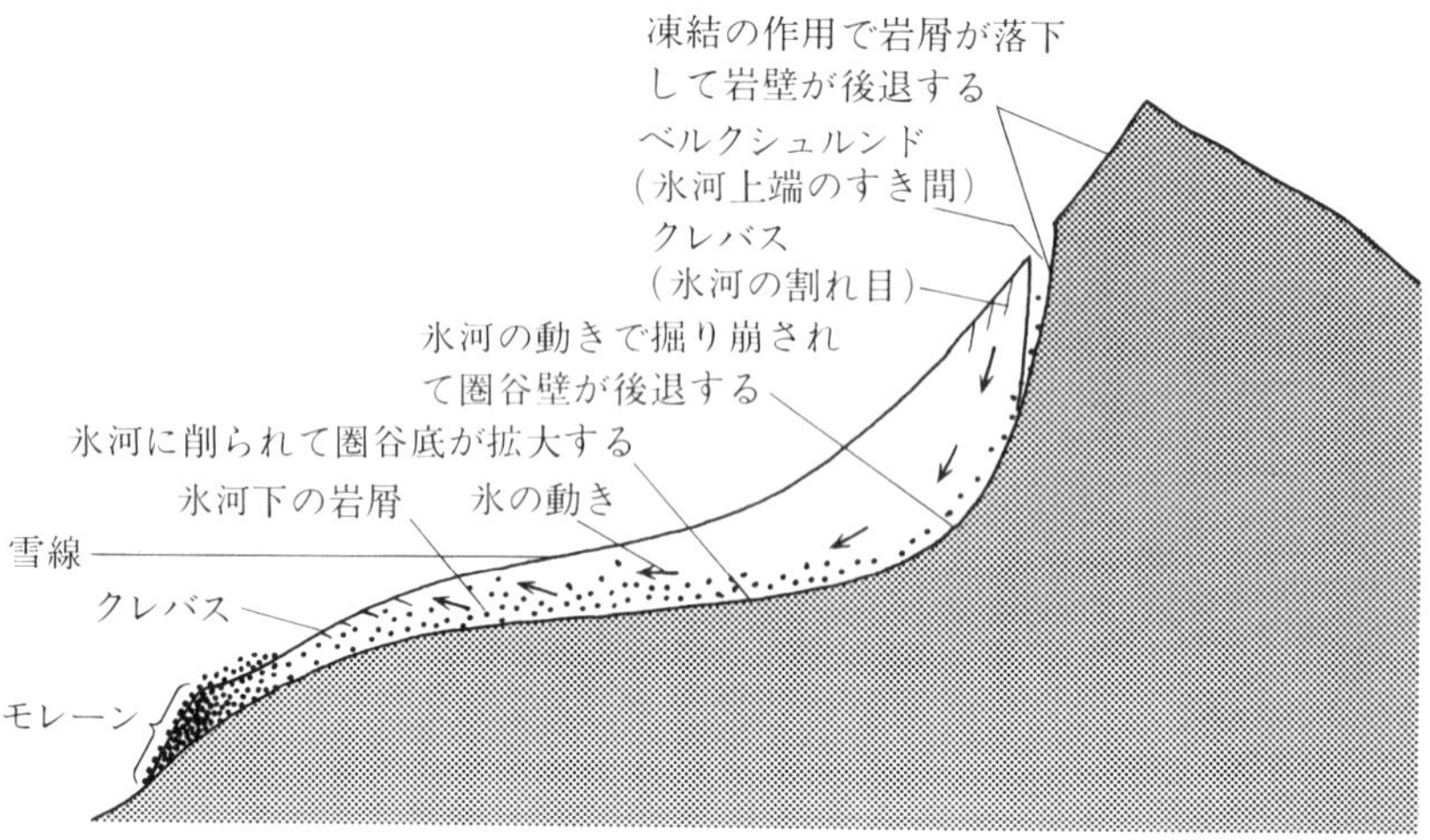

図5 氷河の動きによって圏谷やモレーンが形成されることを示す模式図.

よって、氷河地形と総称される独特の地形を作りだします。

氷河地形のうち、日本で最もよく知られているのは「圏谷」だと思います。ドイツ語の「カール」という呼び方のほうが通りがいいかもしれません。圏谷は氷河が流れ下った谷のいちばん谷頭のところにできる、周りが急で底の平らなお碗を半分に割ったような大きな窪みです(図4)。窪みの周囲の急斜面が圏谷壁、底が圏谷底で、圏谷はこの二つの地形の組合せで構成されています。このような地形がどうしてできるのかというのは長い間謎でした。一九六〇年代の初めに、イギリスの研究者がノルウェーの小さな圏谷氷河にトンネルを掘って、氷河の中での氷の動きを研究しました。その結果、圏谷氷河は雪線より上の方では氷が全体として下向きに、それより下では前面に押し出されるように、そして末端では動きの止まった氷の上に断層で乗りあげるようにして上向きに、動いているということがわかりました。つまり圏谷氷河は一種の回転運動をやっているので、その底の岩盤が丸くえぐられるのだということが

図6　日高山脈の七ツ沼圏谷．日高山脈の最高峰幌尻岳（ぽろしりだけ，2052 m）と戸蔦別岳（とったべつだけ，1959 m）をつなぐ尾根の東側にあるこの圏谷は，広い圏谷底に小さな池がちらばる，形の整ったきれいな圏谷です．

わかったのです（図5）。

長い間激しい氷河作用をこうむった山では、山腹が深くえぐられて圏谷の出口が内側よりも高くなって敷居ができ、氷河が融けると底に水が溜まります。日本でも、日高山脈幌尻岳の七ツ沼圏谷には池がたくさんありますし（図6）、穂高の涸沢圏谷や野口五郎岳の圏谷底にも小さな池があります。木曽駒ヶ岳の千畳敷の底は池になっていましたが、現在では背後からの土砂に埋まってしまっています。

大きな氷河になると、それぞれの谷頭の圏谷からあふれ出した氷河が合流して「谷氷河」となり、谷を埋めて下流へと流れ下ります。氷河は

図7　アメリカ合衆国ヨセミテ峡谷のU字谷．シエラネバダ山脈中にあるこの谷は両側に氷河で削られた花崗岩の岩壁が並ぶ典型的なU字谷です．左のエル・キャピタンの岩壁は高さが1000 m あります．

流れが遅いので、氷の流れが滞って厚さを増し、氷河の下の岩盤全体に大きな圧力をかけて侵食します。そのため氷河は谷のいちばん底の部分だけでなく、その側面も侵食して谷を樋か船底のような形に変えてしまいます。また、氷河は川のように自由に屈曲して流れることができないので、多少の尾根の出っ張りなどは削りとってしまい、大きな岩壁をつくります。図7はシエラネバダのヨセミテ峡谷で、左にあるエル・キャピタンの壁の高さは約一〇〇〇メートルあります。こういう谷を埋めていた谷氷河の氷が融けてなくなると、きれいなU字形の断面をした「U字谷」が残されることになります。氷河の作用を受けた谷を「氷食谷」といいますが、大きな氷食谷の場合には圏谷の下に「U字谷」が続きます。さらに氷河が海に直接流れこんでいたところでは、U字谷がそのまま海に入ってノルウェーなどで見られる「フィヨルド」になります。このように川がつくる谷と氷河がつくる谷とはまったく姿が違います。

一方、氷から突き出た高まりの部分では、凍結の作用によって岩が割れ、氷河上に岩屑が転がり落ちます。岩屑は氷河のベルトコンベアに乗って滞りなく下流へ運び去られるため、斜面はいつまでも岩壁の状態を保ちます。このようにして氷河が山腹を削っていきますから、山は痩せ細り、幅が狭くなって稜線が切り立ち、ナイフエッジや鋸歯状山稜が出現し、山頂が尖ります。また、

図8 エギーユ・ドゥ・ブレチェール(3522 m).アルプスのモンブラン山群にはこのような花崗岩の尖峰がたくさんあって独特の山岳景観を見せています.

谷が広がるため、方々で谷壁が切り合って峰が切り離され、ひとつひとつの山の起伏が大きくなります。マッターホルンなど「ホルン」と呼ばれるとがった山、モンブラン山群の針峰群(図8)や「アレート」などの痩せ尾根と大きな岩壁が、激しい氷河作用を受けた山の特徴です。穂高連峰や剱岳の岩峰、槍ヶ岳の鎌尾根、鹿島槍ヶ岳の南峰と北峰をつなぐ吊り尾根などは、いずれもこのような氷河の働きによるものです。前に述べた、日本の山で稜線上の鞍部と頂上との高さの差が五〇〇メートル以上ある、槍ヶ岳と剱岳はいずれも氷河に削られた山で、鞍部は二つの氷河の谷頭が切り合った部分にあたっています。鹿島槍ヶ岳の南峰と北峰は同じぐらいの高さで、このような双子の峰を「双耳峰」といっています。日本には、双耳峰というのはあまりありませんが、これも二つの氷河の頭が接したところでよく見られる山の形です。

一方、同じ高まりでも氷の下敷きになっていたところでは、岩のでこぼこがきれいに削られて丸くなった、「羊背岩」という地形ができます。山や山地全体が氷河におおわれたところでは、山そのものが巨大な羊背岩のように丸く削られ、その間の凹地には圏谷やU字谷が形成されます。イギリスやスカンジナビアの山は、ほとんどが氷河時代に厚い氷河の下敷きになっていました。ワーズワースの詩で有名なイングランドの湖水地方やスコットランドには、斜面が全体になめらかで丸みをおびたヘルメットのような形の山が目立ちます。日本でも白馬岳から北へ雪倉岳、朝日岳へとつづく山々(図9)や、黒部川源流の三俣蓮華岳の周辺

図9　北アルプス北部の朝日岳東面の氷河地形．白馬岳から北では図13のように氷河におおわれていた面積が広くなります．山地の上部一帯が氷河におおわれていたため，山が丸みをおび，圏谷と氷食谷が浅いのが特徴です．

にそのような地形が見られます。

白馬岳周辺の氷河地形

日本に氷河があったことを最初に明らかにしたのは、東京大学地理学教室の創立者山崎直方先生で、今から九〇年前のことです。立山に山崎圏谷というのがありますが、それは後の時代にこの先生にちなんで命名されたものです。この圏谷は立山の頂上直下から北西に開いているので、室堂《むろどう》平から撮影した立山の写真にはかならず写ります（口絵Ⅳ）。おそらく日本で最も多くの人に注視され、写真に撮られた圏谷でしょう。

山崎先生が最初に指摘された日本の氷河地形というのは実はこれではなく、白馬岳の北の新潟県の蓮華温泉付近から見た雪倉岳、朝日岳のあたりの地形でした（図9）。ここからは朝日岳

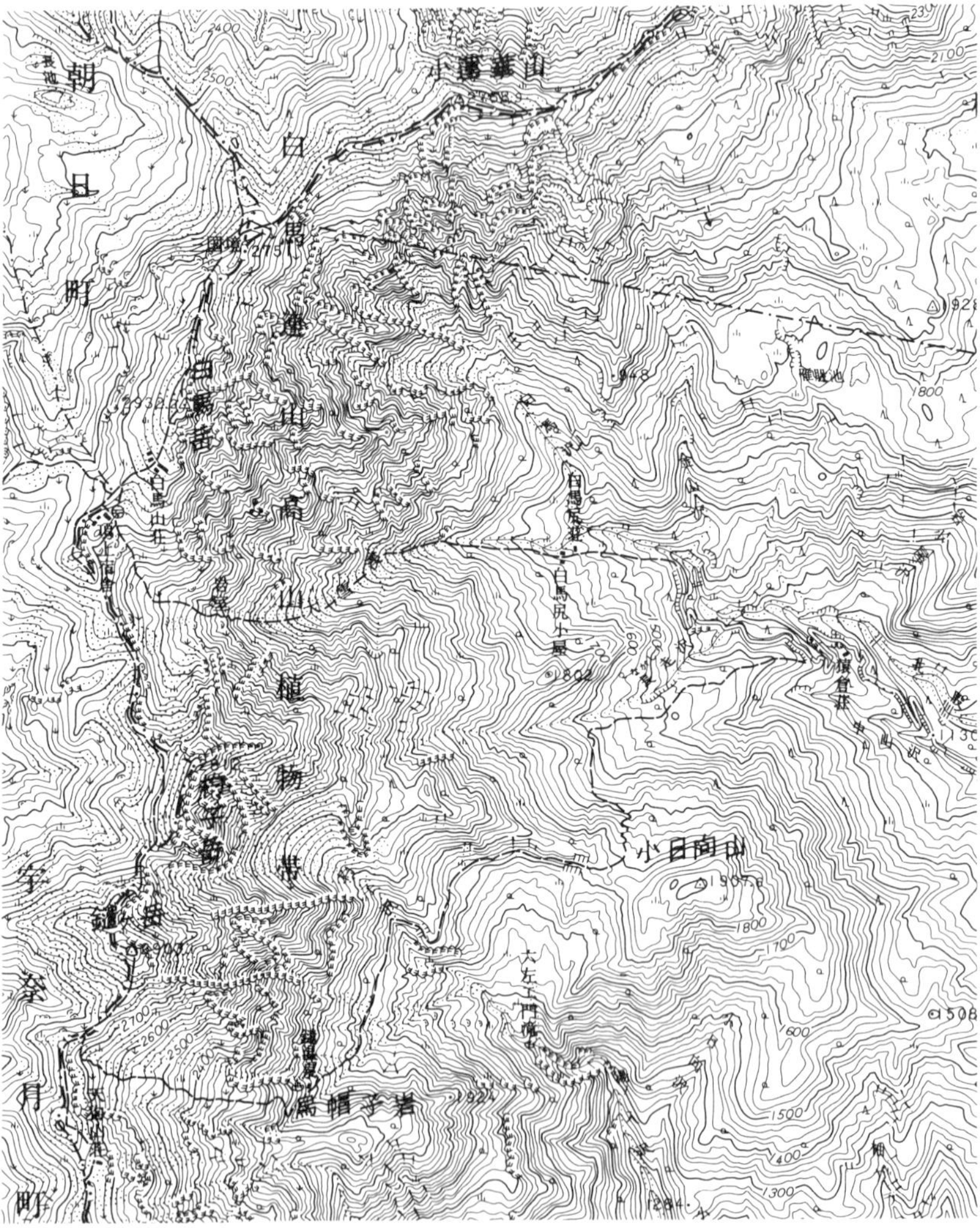

図 10　白馬岳東斜面の氷河地形.（5 万分の 1 地形図“白馬岳”）

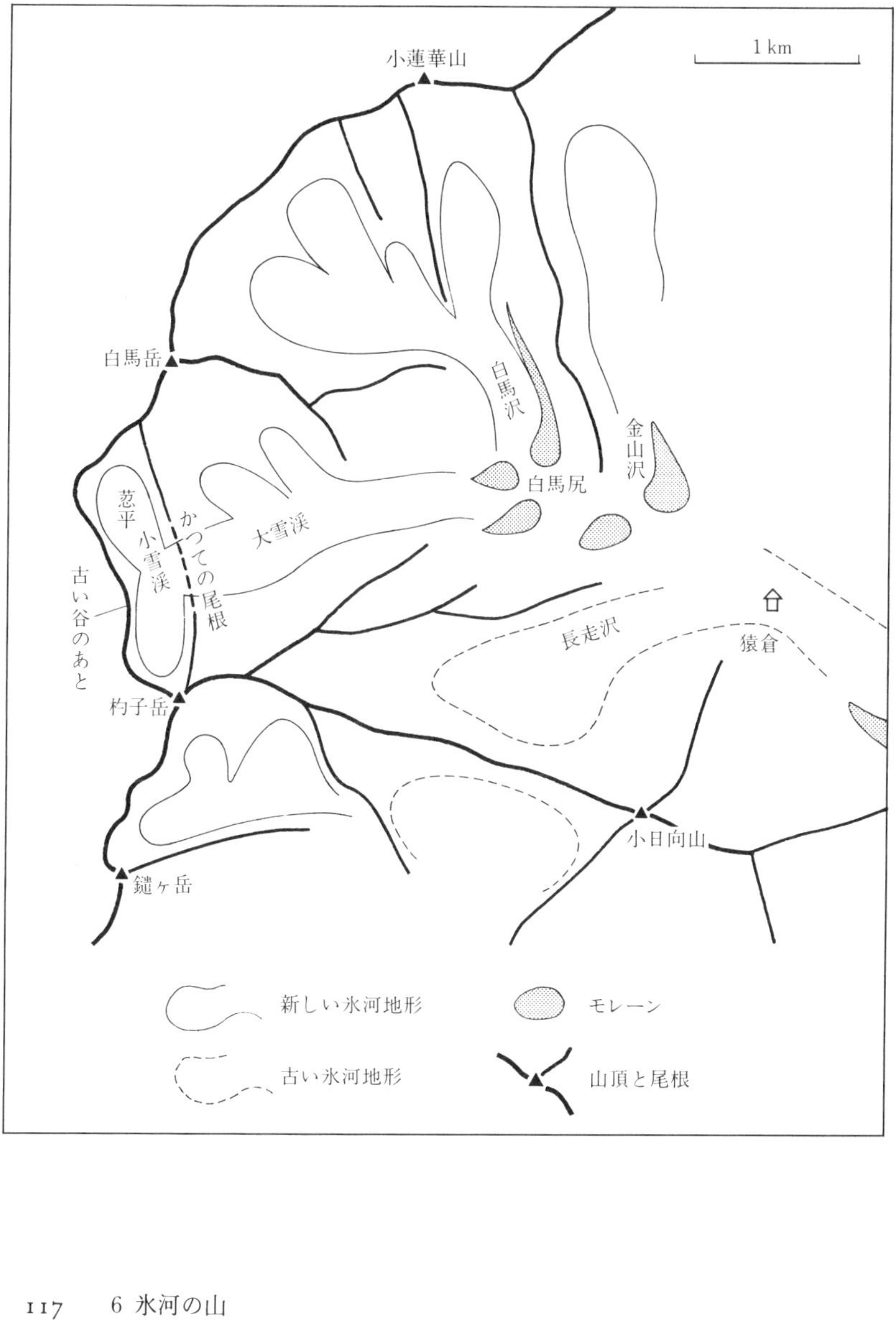
1 km
小蓮華山
白馬岳
白馬沢
金山沢
白馬尻
葱平
小雪渓
かつての尾根
大雪渓
古い谷のあと
長走沢
猿倉
杓子岳
鑓ヶ岳
小日向山
新しい氷河地形
モレーン
古い氷河地形
山頂と尾根

や長栂山《ながとが》、黒負山《くろおい》などの丸みのある山々と、大所川《おおどころ》上流の白高地沢《しらこうち》の浅い圏谷とU字谷がよく見えます。山崎先生は蓮華温泉から白馬岳に登って、小雪渓、大雪渓を通過して山を下っておられます。その途中で羊背岩や氷河の擦り傷がついた岩盤などを発見して、大雪渓が氷河の削ったU字谷であることを指摘したのです。それが一九〇二年のことです。

山崎先生の足跡をたどって、白馬岳の頂上から下りながら氷河が残した地形を探ってみましょう(図10)。

白馬岳の頂上から西に緩やかに傾く斜面を下っていくと、頂上小屋の南で小雪渓につづく谷の頭に出ます。南の杓子岳との間は南北に長い船底状の浅い谷になっていて、その底に小雪渓の残雪が見えます。小雪渓から北が葱平《ねぶかつぴら》で、有名な白馬岳のお花畑のなかでも一番見事なところです。そのお花畑の真ん中に、通称「赤岩」といわれる大きな鯨のような岩があります。この岩の表面には頂部にも側面にも、無数の擦り傷がついています(図11)。積雪期にはわずかに頭を出すだけで、深い雪に埋まっていますし、岩の表面にはその後の風化でできた赤い鉄錆色の薄い膜が張っていますので、この擦り傷は現在できたものではないことが明らかです。どう見てもこの擦り傷は氷河がつけたものとしか考えられません。かつてここは氷河におおわれていて、谷底に瘤のように出ていた岩を氷河が包み込むようにして乗り越したものですから、このように丸く磨かれてしまったのです。つまりこの岩の出っ張りは羊背岩なのです。この岩の反対側、左岸の壁にもやはり氷河でつるつるに磨かれた岩盤があり、

図 11　白馬岳葱平圏谷の中にある羊背岩．氷河でみがかれてなめらかな鯨の背中のようになった岩の表面に，氷河の傷あとが無数についています．

その表面には氷河の擦痕がのこっています。したがって葱平の浅い窪みは圏谷と考えるのが適当です。

葱平圏谷は真南を向いていますが、ちょうどその先に北を向いた杓子岳の圏谷があり、小雪渓のあたりで二つの圏谷がつながるような形になっています。ところで白馬岳の頂上から南をみますと、杓子岳、鑓ヶ岳、唐松岳、鹿島槍ヶ岳など後立山の主要な峰がほとんど一直線に並んでいます。ところがすぐ目の下に見える葱平圏谷と杓子岳圏谷の窪みは、それらの峰をつなぐ線よりも西側にあって、白馬岳と杓子岳を結ぶ稜線がそのさらに西側を大きく弧を描いて走っています。しかしその尾根よりも白馬岳の頂上から真っ直ぐ南へのびる尾根のほうが高く、そのまま杓子岳につながっているように見えます。実際にはその尾根は小雪渓のところで切れていて、杓子岳にはつながっていないのですが、ちょうどその部分の谷底にも、氷河擦痕のついた羊背岩があります。その先で谷は直角に東へ折れて、白馬岳頂上からのびる尾根の末端と杓子岳の岩壁の間を急傾斜で大雪渓へと下ります。

反対に大雪渓から白馬岳を目指すと、雪渓のつきるあたりで両側から岩壁がせまり、狭い谷底の瓦礫の山を登って小雪渓を横切り、葱平を経て頂上にはグルッと西側からまわりこんで登るようになっています。東側の谷を登っているのに、最後は西斜面から頂上に達するというのは考えてみるとおかしなことです。このような奇妙なことになったのも実は氷河が関係しています。昔は大雪渓の上端ぐらいのところの真上に杓子岳と白馬岳の頂上を結ぶ稜線があったはずです(図10)。それを葱平、杓子の両圏谷氷河が合流して尾根のいちばん低い所を乗り越えて、削り取ってしまったのです。もともとは富山県側に流れていたはずの氷河が、逆に東側に流れることになってしまったわけで、事件は一万数千年前ぐらいにおこったと思います。

白馬大雪渓氷河

かつての後立山の主稜線をくい破った氷河は、どこまで流れ下っていたのでしょうか。小雪渓の下端付近に羊背岩がありますから、氷河はここから大雪渓に流れ込んでいたに違いありません。今でも大雪渓には大きな万年雪があるのですから、氷河時代にはそれがもっと大

図12　白馬岳の大雪渓．雪に埋まった広い谷と両岸の急斜面で，この谷が氷食谷であることがわかります．左に杓子岳，右に白馬岳があって，もとはその間がつながっていましたが，氷河に削られて現在ではU字谷の断面のようなスカイラインを見せています．

きくなって、氷河になっていたと考えるのは無理ではないでしょう。しかも、この谷は幅が広いのに谷壁が急な、氷食谷に特有のU字形の断面をしています(図12)。しかし、白馬大雪渓に氷河が流れていたかどうか、もし氷河があったとするとその末端はどこかということをはっきりさせるには、モレーンを確認しなければなりません。山崎先生は大雪渓が氷食谷であることを指摘しましたが、モレーンを見出すことはできませんでした。当時は道もなくうっそうとした樹木につつまれて、谷の中がよく見えなかったのでしょうが、今はブナの林が伐採され、道路が谷の奥まで通じていて地形や地質が見やすくなりました。

大雪渓の下端の白馬尻で、日本で二番目に大きな雪渓をもつ白馬沢が北から合流し

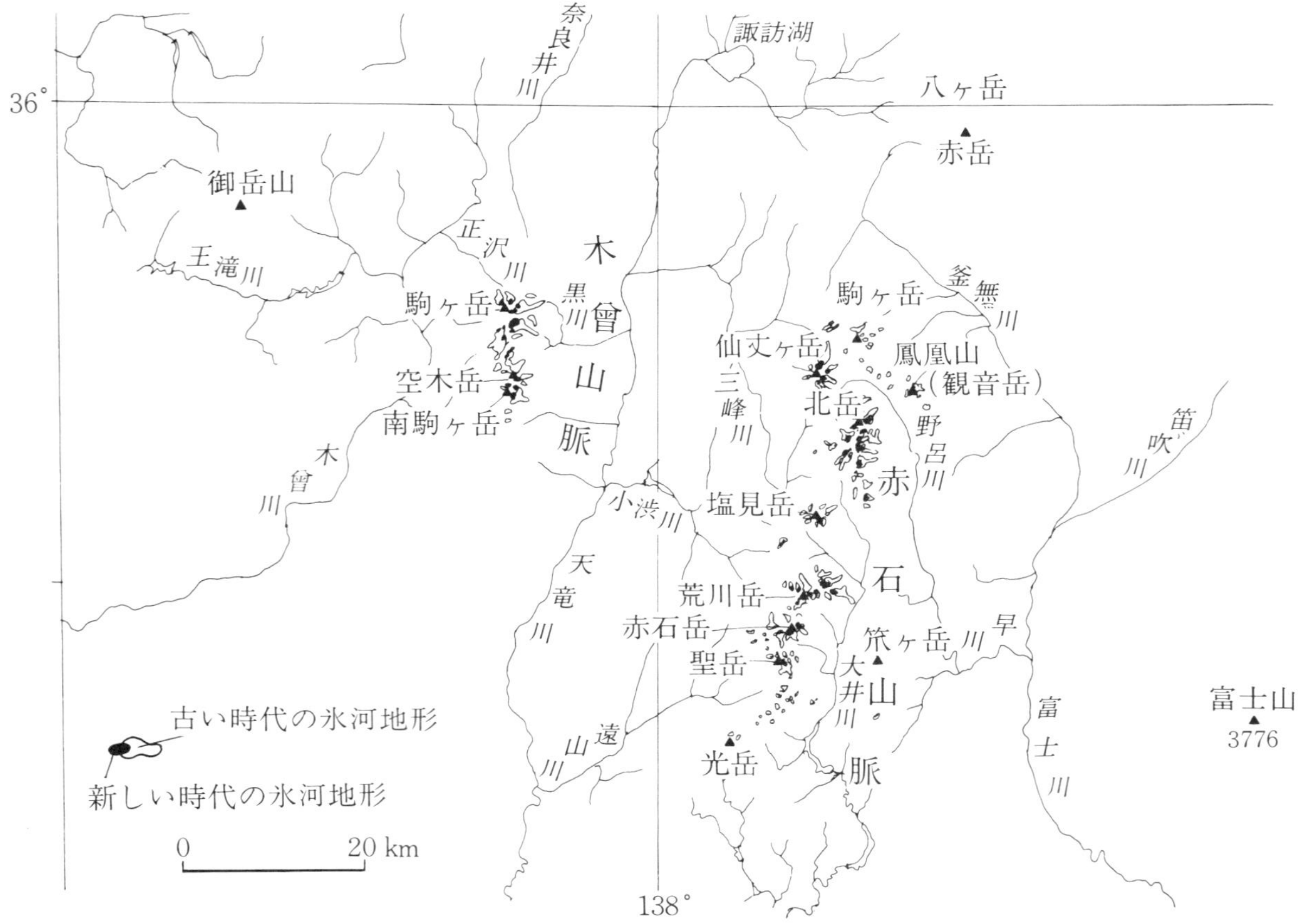

36°
138°
奈良井川
諏訪湖
八ヶ岳
赤岳
御岳山
正沢川
王滝川
木曽山脈
黒川
駒ヶ岳
空木岳
南駒ヶ岳
木曽川
釜無川
駒ヶ岳
仙丈ヶ岳
鳳凰山
(観音岳)
三峰川
北岳
野呂川
赤石山脈
笛吹川
小渋川
塩見岳
天竜川
荒川岳
赤石岳
笊ヶ岳
早川
聖岳
大井川
富士川
富士山
3776
古い時代の氷河地形
新しい時代の氷河地形
遠山川
光岳
0
20 km

図 13　日本アルプスの氷河地形の分布．日本アルプスには形のはっきりした新しい時期の氷河地形と，侵食されて形のくずれた古い時期の氷河地形が見られます．ともに 7 万年前から 1 万年前の最後の氷河期に形成されたもので，新しいものが 2 万数千年から 1 万数千年前ぐらいのものと考えられています．（五百沢智也，1987）

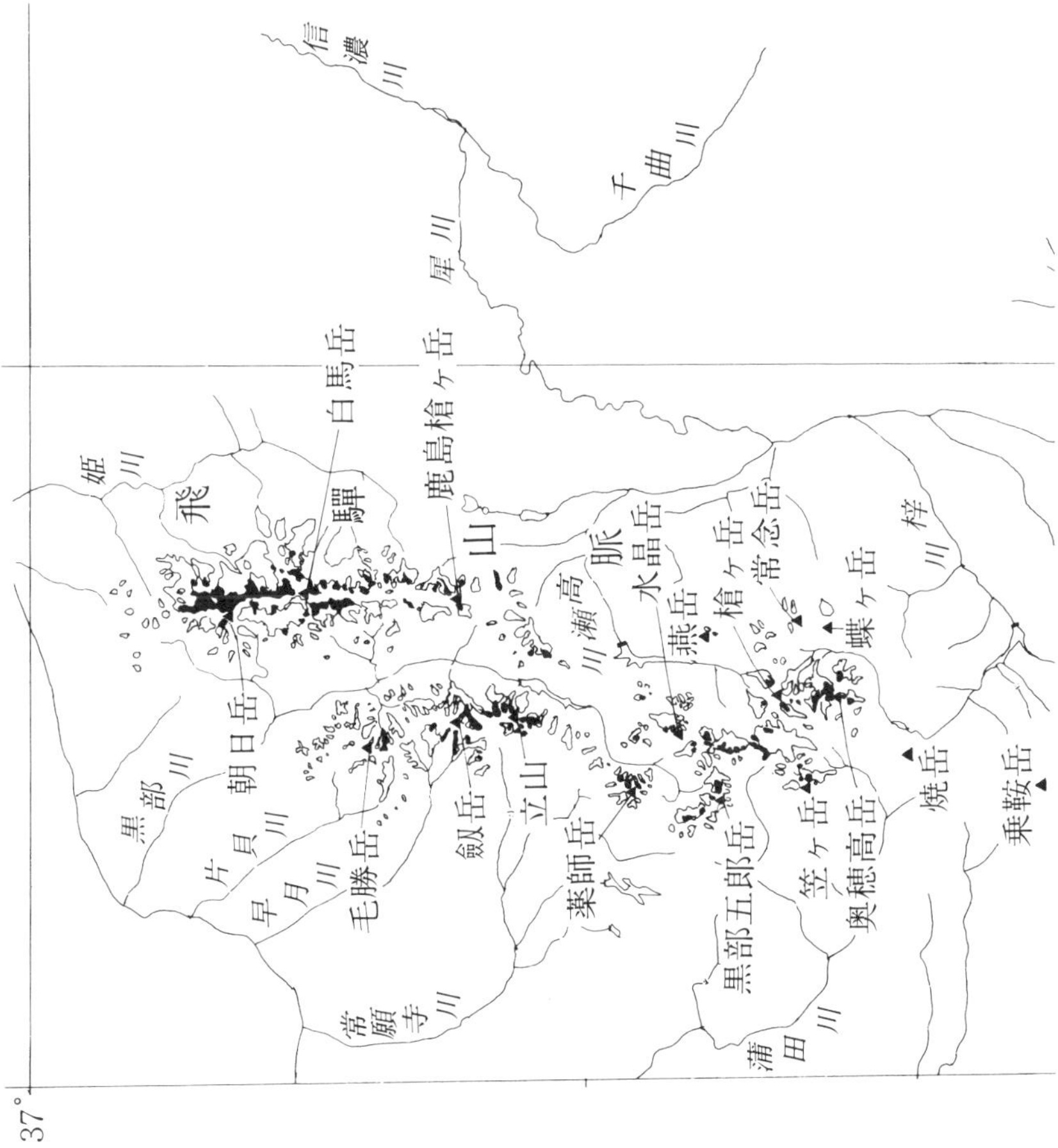

ています。その白馬沢の谷のへりに土手状の変な高まりがあります。実はこれがモレーンです。もう一つ下流の金山沢との合流点にも同じような地形があります。金山沢のモレーンは川の侵食で削られていて、道路のある対岸からも中身が見え、モレーンであることがわかります。かつて氷河がここまできていたことは間違いありません。しかし、これがいちばん下のモレーンではなく、さらに下流に幾つかのモレーンがあります。最も下流のものは二俣の発電所からちょっと上流の営林署の小屋の上あたりにある、海抜約一〇〇〇メートルの高まりがそれです。ここには林道ができていて、その法面《のり》でモレーンの中身が観察できます。

白馬岳の山麓にまでモレーンを押し出した氷河があった時代は、モレーンの下敷きになった木片の年代や、モレーンをおおう土の中に混じっている遠くの火山から飛んできた軽石の年代から、最後の氷河期の七万年前から一万年ちょっと前ぐらいだろうと考えられます。ただし最も古いものは十数万年前の、最後の氷河期のもう一つ前の氷河期のものである疑いがもたれています。

槍・穂高連峰や鹿島槍ヶ岳、白馬岳の北などでも、一〇〇〇メートル前後から一五〇〇メートルくらいの高さのところにモレーンが見出されています。このような結果をまとめて、氷河時代に形作られた日本アルプスの氷河地形の分布を示したのが図13です。現在の積雪分布と同じように、後立山連峰では氷河がかなり広い範囲に分布していたことがわかります。

日高山脈の山と谷

北海道の日高山脈にも氷河地形がよく残っています。日高山脈はいちばん高い幌尻《ぽろしり》岳でも二〇五二メートルで、あとの山は二〇〇〇メートルに手が届かない山脈です。しかし、北の寒いところですから、雪線が低くなって氷河時代には氷河がたくさんでき、多くの山にみごとな氷河地形を残しています。

日高山脈には一部を除いて登山道がないので、林道の終点からは川をさかのぼる沢登りになります(口絵I)。本流から分かれて支流に入るとしばらくの間、沢の勾配が急になり谷幅も狭まりますが、ある程度登るとどの沢でも枝沢が集まって、勾配が少し緩やかになり幅の広がるところがあります。そこから上はいよいよ急斜面になり、木の枝につかまりながらなめ滝をよじ登ることになります。それを登り切ると突然目の前が開けて、はじめて目指す頂上が姿を現します。沢を登って圏谷に出たのです。日高山脈中央部の幌尻岳、戸蔦別岳、エサオマントッタベツ岳、カムイエクウチカウシ山などにはとくにみごとな圏谷(図14)があり、広い圏谷底が高山植物のすばらしいお花畑になっています。日高山脈の圏谷は、日本アルプスのそれに比べて圏谷壁が急、圏谷底が平らで広く、形がよく整っています。しかし、きれいなU字谷はありません。圏谷の下方で、なめ滝がかかっている急斜面は、圏谷からあふれた氷河が流れ落ちた「氷食谷の谷頭壁」で、白馬岳でいいますと大雪渓と小雪渓の間の急斜面がそれです。したがってこれより下流に谷氷河が流れ下っていたことは確実で、幾つかの

図 14　北海道日高山脈の氷食谷を見おろす．カムイエクウチカウシ山から見た札内川八ノ沢圏谷とその下流につづく氷食谷です．川が見えなくなるあたりにモレーンがあります．遠景は十勝幌尻岳(1846 m)．

沢ではモレーンも見つかっています。しかし、谷の形はあまりU字谷的ではありません。また、双耳峰や吊り尾根もあちこちに存在していますが、大きな岩壁や岩峰はなく、ピラミッド形のきれいな三角の峰が並んでいます。このような山や谷の形態の特徴は、氷河時代の日高山脈は寒さがきびしくても、雪の量が少なかったためではないかと考えられますが、詳しいことについてはほとんどわかっていません。

7 山とのつきあい

山と観光

これまでに述べてきたように、日本の山は谷や山腹の斜面が急で、麓の部分から急に一気に高くなりますが、山の上の方では傾斜が比較的ゆるやかになっているものが多く、頂上に人一人しか立てないような尖った峰はごく稀です。これは、山がまだ若く、谷底いっぱいに水をたたえて激しく流れる渓流が、谷を深く掘り下げていることと、山を削る作用のうち氷河の働きが弱かったためだといえます。同じように隆起の時代が新しい山地でも、氷河が今もなお山を削っているヒマラヤやニュージーランドのサザンアルプスでは谷が広く、山の上方にも急斜面が連なっていて、山の形が日本の山とはかなり違っています。アルプスやロッキー山脈も同様です。このような山の形の違いは、山の見え方に関係してきます。

日本の山は、遠くから見るとよく見えますが、山裾まで行ってしまうと、前の出っ張りが邪魔になって、山頂の方はどうしても見えにくくなってしまいます。ことに大きな断層に面している斜面は急で、山麓の観光の拠点では山の眺めよりも、断層に沿って湧き出す温泉や目の前の渓谷が観光の目玉になっていることが多いようです。したがって山の上の方を見ようとすれば、背後の急斜面の上へ上がらざるをえないのです。その裏山のあたりは、昔は村の人が薪炭や山菜取りなどのために共同で利用していた里山の領域で、古くから人が自然を上手に管理してきたところです。時代とともに里山の役割は変わり、現在ではここが観光開発の中心となって、ケーブルカーやロープウェイをはじめさまざまな施設が設けられ、誰でも簡単に山の上まで行けるようになりました。しかも、そのようにして行ける山の上は割合平らですから、展望台をこえてハイヒールでも自由に歩き回ることができます。多くの人が山上からの素晴らしい大パノラマを楽しめるようになったのは、大変結構なことにはちがいありません。しかし、それが果たして人々が自然に親しむのに役立っているかどうかとなると、残念ながら疑問に思います。ロープウェイや観光道路ができるまで、山はどこでも自分の足で登るものでしたから、山頂に立つには強い意志と準備が必要でしたし、何よりも自然の中に長い間身をさらさなければならないので、自然を観察し山と上手に付き合わなければ安全の確保も困難でした。今はそんな大袈裟な覚悟など全く不要です。街で電車やバスに乗るのと同じような感覚で、外の自然とは切り離された狭い空間にしばらく入っているだけで、山の上に連れていってもらえます。高さとともに変わる草木の種類や、眺めの変化を楽しむ余裕もなく山上の別世界に置かれるわけですから、山の上の自然に格別の関心もなく、下界の展望を堪能し記念撮影が終われば目的はほとんど達せられたことになります。あとは展望台の周囲を歩き、飲食をして下りの時間を待つだけといった観光客の多いのが、実態ではないでしょうか。

ところが氷河に激しく削られたヨーロッパアルプスの場合には、山は氷河が削ったU字谷の上にそびえているので、遠くから見えるばかりでなく、街や村があって大勢の人が住んでいる幅の広い氷食谷の谷底からもよく見えます。もちろん山の上まで登っていけばすばらしい眺望が待っているわけですが、そのあたりは、下界とは非常に違った自然環境になっています。日本では高い山といっても、森林限界をやっと抜けた程度です。アルプスでは古くから森に人手が加わっていて、森林限界がはっきりしないところもありますが、いずれにせよ、森林帯から上は、アルプあるいはアルムと呼ばれる見晴らしのよい草地で、夏のあいだ牛が放し飼いにされる生活の場、生産の場です。冬にはそこはスキー場になり、夏には山岳展望のハイキングコースになるので、ロープウェイやリフトで上がってきた人達がよく整備された遊歩道をのんびりと雲上の散歩を楽しんでいます。黄色で統一された道標が要所要所に立っていて、ハイキング用の地図やガイドブックをみながら歩けば、道に迷ったり肝心のものを見落としたりすることはまずありません。アルプより高いところへも登山電車やロープウ

図1　エギーユ・ドゥ・ミディの展望台からのグランド・ジョラス(4208 m)

ェイが通じていて、それこそ天下の絶景を楽しめるところもあります。しかし、展望台の外は岩と氷の世界で、それ相当の技術と覚悟がなければそこから一歩も出ることができません（図1、口絵V）。

ヒマラヤやロッキーでも、山に行く人たちのほとんどは山麓や山の中腹を歩いて自然に親しみ、山の景観を眺めて楽しむのが目的です。トレッキングです。トレッキングは、山麓や谷の中から山の姿が眺められなければ成り立ちません。日本でその条件にかなうのは富士山や北アルプスの白馬岳山麓、上高地をふくむ梓川の谷などごくわずかです。

日本独自の登山スタイル

このような日本の山の特徴から、日本独特といっていい山の登り方が発達しました。そのひとつは、「縦走」という山の尾根をたどって次々に山頂を踏破していく登山のスタイルです。これは、第2章の図5で見たように、日本の山は尾根の上の凸凹があまりないために、稜線に上がってしまえば、それほど登ったり下ったりせずに、五つや六つの山頂を極めることが可能だからです。アルプスやヒマラヤでも縦走形式の登山がないわけではありませんが、一つひとつの山が大きく、尾根がいたるところで一〇〇〇メートルも二〇〇〇メートルも切れ落ちているので、尾根づたいに次々と峰を渡り歩くのは大変難しく、とても一般的な登山方法にはなりません。したがって、縦走という山の登り方は、日本の山の形と密接な関係があるのです。

日本アルプスはどれも東側が断層で断ち切られた急斜面になっていて、ところどころに日本三急坂とか急斜面などといわれる、一度行けばもうこりごりという、登るのに丸一日がかりのきつい登山道があります。それほどの急斜面でも、ここさえ登ってしまえば山の上の起伏はさほどではなく、あとはわりあい楽になります。とにかく、最初さえ頑張って登ってしまえばいいのです。それほどの急登でなくても、たとえば富士山などでも、駅の階段程度の坂道を我慢してずっと歩いていくと、いつかは頂上にまでたどりつくことができます。そのため、急坂を歩かずに乗り物に乗ってきた人達でも、天気さえよければ特別の準備や心構えがなくても、日本の山は簡単に歩けます。

しかし、アルプスやヒマラヤなどの高山では、山へ登るというのは、まさによじ登るのであって、手を使わなければ登ることができません。ですから山頂まで登って行けるのは、それなりの技術と体力をもった人達だけです。足の下には谷底の村や街が手に取るように見下ろせますから、高所恐怖症の人は間違いなくめまいをおこします。モンブラン山群のエギーユ・ドゥ・ミディへは、山麓のシャモニーの街からケーブルに乗ると二〇分で行けますが、ここまできて一般の観光客は、まわりの山の自然の厳しさに展望台から一歩も出ることができません。空気の薄いこともあったのでしょうが、すぐ前に立っていた婦人が気を失い、突然倒れかかってきてびっくりしたことがありました。

もう一つ日本独特の山登りのスタイルに、「沢登り」があります。これは川を登っていけばかならず鞍部に突き上がりますので、できるだけ沢をさかのぼって最後に藪を漕いで尾根にとりつき、山頂を目指すというやり方です。これは、山が川によって刻まれ細かく沢が入っていること、山腹が深い森林に覆われていて自由に歩けないこと、それに岩が出ているのが谷沿いという日本の山の特徴に根ざしていると思います。岩の感触を楽しもうとすれば、山頂付近にいくらかある崖か、谷沿いに露出した岩壁が一番手ごろです。もっとも、登山が一般的になるよりもずっと古くから、山で生計を立てていた人たちは、沢づたいに山に入っていたのでしょう。今でも登山道の整備されていない北海道などでは、沢登りが普通の登山形式です(口絵I)。夏の盛りに、夕食のイワナを釣りながら沢をつめ、流木の焚き火を囲んでのキャンプは街に近い山では失われた楽しみですが、身を切るような雪融け水があふれる春の沢登りは、冷たいばかりでなくぬれたズボンが凍って大変です。しかし氷河の山では、沢登りの対象になる谷に氷がつまっているわけですし、そのまわりはほとんど岩がむき出しになっていますから、そのような山登りはありません。ただ、ニュージーランドの山は例外です。ここは人が少なく、山の中には道路がそれほどありませんし、登山道はさらにかぎられています。そのため、道のない山を目指すには、橋のない川を何度も渡らなければなりません。政府が発行しているポケット版の「山の安全手引」には、一人では絶対に川を渡るなということと、川の状況に応じた渡渉方法が何ページにもわたって図入りで説明されています。日本でもこのような小型の、実際的な手引書があれば、山の安全がもっと確保されるのではないかと思います。

山の環境保全

山に大勢の人が入れば、自然に対してある程度の影響がでることは避けられません。最も傷つきやすいのは動植物です。動物の場合は目につきにくいので、どの程度影響がでているのか素人にはわかりにくいのですが、何度も登っている山では昔にくらべて高山蝶の数が減ったという感じがします。それに対して植生は地形とともに山の景観を構成している重要な要素ですから、人為の影響が誰の目にもわかりやすい形で現れます。いちばんはっきりしているのは登山道で、大勢の人が歩く登山道が裸地になることはさけられません。山では登山道が四方から通じていても、人は頂上に集まりますから、まず山頂付近が踏み荒らされてそこから裸地化がはじまります。植物の被覆を失うと地面が風雨に直接さらされて土が流れ、侵食が急速に進行して、頂上の三角点や標識などの土台がむきだしになったり(図2)、ひどいときにはひっくり返ってしまいます。とくに火山灰におおわれた山では、人が踏みつけると土の層のなかの隙間がつぶれ雨水が滲み込みにくくなって、雨が降ると登山道が泥水の川に変わってしまいます。山によっては登山道が両側の地表面よりも深くえぐられて、周囲の景色が何も見えないようなところさえあります。

図2　むき出しになった三角点．表土が失われてむき出しになった北アルプス奥大日岳(2611 m)頂上の三角点標石．

人の踏みつけが特に深刻なのは湿原です。尾瀬ヶ原など多くの湿原では木道がつくられていますが、そうでないところでは湿原植物が踏み荒らされて裸地化し、そこに水が溜まります。そうなると人は水溜りをさけて、草の生えた濡れないですむ部分をえらんで歩くので、裸地がどんどん広がってしまいます。雪国の山には湿原が多く、ことに古い火山の場合には、幾つかの湿原を横切らなければ頂上に行けないのが普通です。小さな湿原のなかには、踏みつけと登山道からの土砂による埋め立てで、無残な姿に変わってしまったものがいくつもあります。湿原は周囲をめぐるようにして、それを横切るのは極力さけるようにすべきだと思います。

もうひとつやっかいなものに、ゴミと排泄物の問題があります。観光開発が進んで誰もが簡単に山の上までいくようになり、また先ほど述べた縦走という登山スタイルのおかげで、山の上にたくさんの人が滞在することになります。山の上に大きな観光施設ができ、古くからの山小屋もずいぶんきれいになって、風呂つきの小屋も珍しくありません。昔は山で必要なものはすべて自分で背負って登らなければならず、小屋泊まりの場合でもボッカの人達がかつぎ上げる物しかないので、山の上に運び上げられる物の量にはおのずから限度がありました。しかし今では、必要な物はケーブルやトラック、そしてヘリコプターでどんどん運びますから、大変な量の物資が山の上に集まります。それにともなって大量のゴミがでますし、大勢の人が滞在しますから排泄物の処理が大変です。気温の低い山の上では、バクテリアによる分解や腐敗が進まないので、処置をしなければ溜まる一方です。北アルプスでは、雪渓のすぐ下のきれいに澄んだ融け水でも、大腸菌が基準をオーバーしているところが多く、消毒しないで飲めるような川の水はほとんどないといわれています。

欧米の山では観光の拠点は谷底にあって、ふつうの人はケーブルで上がってもその日のうちにまた谷底に下りてきますから、山の上にゴミとか排泄物がたまってしまうという心配は少ないのです。また、欧米ではキャンプ場や駐車場などゴミの出るところには、ふたつきの物置小屋ほどもある大きな鉄のゴミ箱が配置されていて、ゴミは必ずその中に捨ててふたを閉めるようにきめられています。ちょっと大きくて目障りではありますが、中は見えませんし残飯のいやな臭いも漏れず、専用のゴミ収拾車が定期的にまわって収拾していきます。お

図 3　熊への注意をよびかける立看板．北海道では登山道や林道の入り口で，このような立看板をよくみかけます．

そらく世界最北のキャンプ場と思われる、スピッツベルゲンのキャンプ場にもこれがあってびっくりしました。これは清潔を保って美観をまもるということのほかに、熊を近づけないための対策です。熊は残飯で味をおぼえると、人に近づいてきて危害をおよぼすようになります。北海道では登山道の入口に、「熊に注意」という張り紙や看板が出ているのをよく見掛けますが、熊と付き合いのない者にはどう注意してよいのか分かりません(図３)。それよりもあなた自身の安全のためにも、ゴミはこのゴミ箱に入れ山には絶対捨てないように、という方が分かりやすいのではないでしょうか。

観光開発と山の景観の保護

山の好きな人は、観光あるいは登山の対象として山を見ていますが、山で仕事をしている人、山を生産の場だと考えている人たちもたくさんいます。そういうことで山地の開発と保護、景観の破壊と保全という問題が生じて各地で軋轢が深まっています。最初に観光開発がはじまったのは、古くから人手の入っていた里山でしたし、ロープウェイや展望台といったいわば点と線の開発でしたから、さほど抵抗が強くなかったのかも知れません。しかし今では、下からはゴルフ場が上がってきて、上からはスキー場が広がり、谷底にはリゾートマンションが建ち並ぶようになって、多くの人がさすがにこれはおかしいと気付くようになってきました。しかもその範囲が里山から奥山へと延びています。森林限界から下では当然、山は林業の対象にもなりますから、森林の伐採が行われたり、そのための林道が建設されます。これは山の景観の構成要素である、植生と地形の両方に直接手を加えるわけですから、長い時間をかけて自然の営みが作り上げた景観が、山の一生でいえば一瞬の間に変わってしまいます。自然は一定の条件の下で、複雑なバランスを保っていますから、その条件が大きく変わらないかぎりかなり安定しています。ところが、その条件が変わると、新しい条件の下で安定したバランスが成り立つまで、自然は変化をつづけます。例えば斜面を切って道路をつくれば、切り取りでできた道端の崖は岩屑が安定する角度になるまで崩れますし、森林が伐採された斜面は保水力を失って降った雨がすぐ流れ出し、表土の流亡、土壌侵食が進んで、土砂が谷に流れ込み下の街や村にも影響を与えます。

現在見る山の自然は、最近の地質時代の間に寒暖乾湿の気候変化を経験し、そのなかで複雑な変化を経て成立したものです。一見安定しているように見えますが、集中豪雨や台風のときによく災害をおこすのでわかるように、ある限度を超えた状況の変化には耐えられません。山地は基本的にいずれ削られて平らになっていくべき土地ですし、とくに若い山地では侵食が激しいので、日本では山地災害を完全に封じ込めるのは困難です。自然に起こる山崩れや山火事は仕方がないとしても、人間が余計な干渉をして自然を台無しにするのは避けたいものです。そのためには、山の自然のメカニズムとその成り立ちの歴史を理解することが必要です。山の上での調査は体力も要りますし、室内での実験と違って結果が出るまで長期間の観測が必要なため、まだあまり進んでいませんが、最近では測定機器類の進歩や若い人たちの活動でいろいろなことがわかってきつつあります。そのような例のひとつとして、北上山地の開発でわかったことを最後に紹介します。

高原の農場

アルプスなどでは森林限界から上の草地、アルプで夏の間に牛を飼っています。これまで日本ではあまりそういうことはしていませんでしたが、最近になって北上山地などでも、高い山の上にある高原状のところで大規模な農場というか、草地が造成されるようになりまし

図 4　人為による北上山地の荒地．森林を伐採して造成した牧草地が，凍結融解と風の作用で荒地になっていくようすが見られます．北上山地北部の上外川地区の山地．

た。それにともなって農道の建設、表土の流失とか、家畜の排泄物による水の汚染といったような問題もおこってきています。北上山地は前に述べたように、上が平らで谷が急に深くなっているので、下の人里からは山の上がまったく見えず、上のほうで何事がおこっているのかわかりません。ところが東京から札幌へ行く飛行機に乗ると、北上山地の山の上に植物の被覆が禿げて地肌がむき出しになった地面が点々と存在しているのが目にとまります。

実際に山に登ってみると、禿げた土地というのは、ブナの林を伐り払って草を植え、牛を飼おうとしたところだということがわかります。そのときに、思いもかけないことがおこったのです（図4）。

木を伐り払ったために、ここを吹き越す風の勢いが強くなりました。そのために、ここの斜面は吹きさらしになって、冬の間ほとんど雪が積もらなくなり、寒気にさらされて地面の凍結がはげしくなりました。牧草を育成しようとしてせっかく張った芝草が、霜柱によって浮き上がってなかなか根付きません。もともとここの土は、おもに一万数千年前頃から、奥羽山脈の栗駒山とか岩手山など火山の噴火の際に、西風にのって降りそそいだ火山灰が積もってできたものです。関東地方や北海道の火山灰土のところでは、霜柱や凍上で土がもち上がったりするのが平地でもよく観察されますが、それと同じことがここの山の上で起こっているのです。霜柱でもち上げられた土は組織が壊れて、霜柱が融けるとボロボロになって、風で吹き飛ばされます。関東地方では春一番の強風で土埃が舞い上がりますが、その土埃の

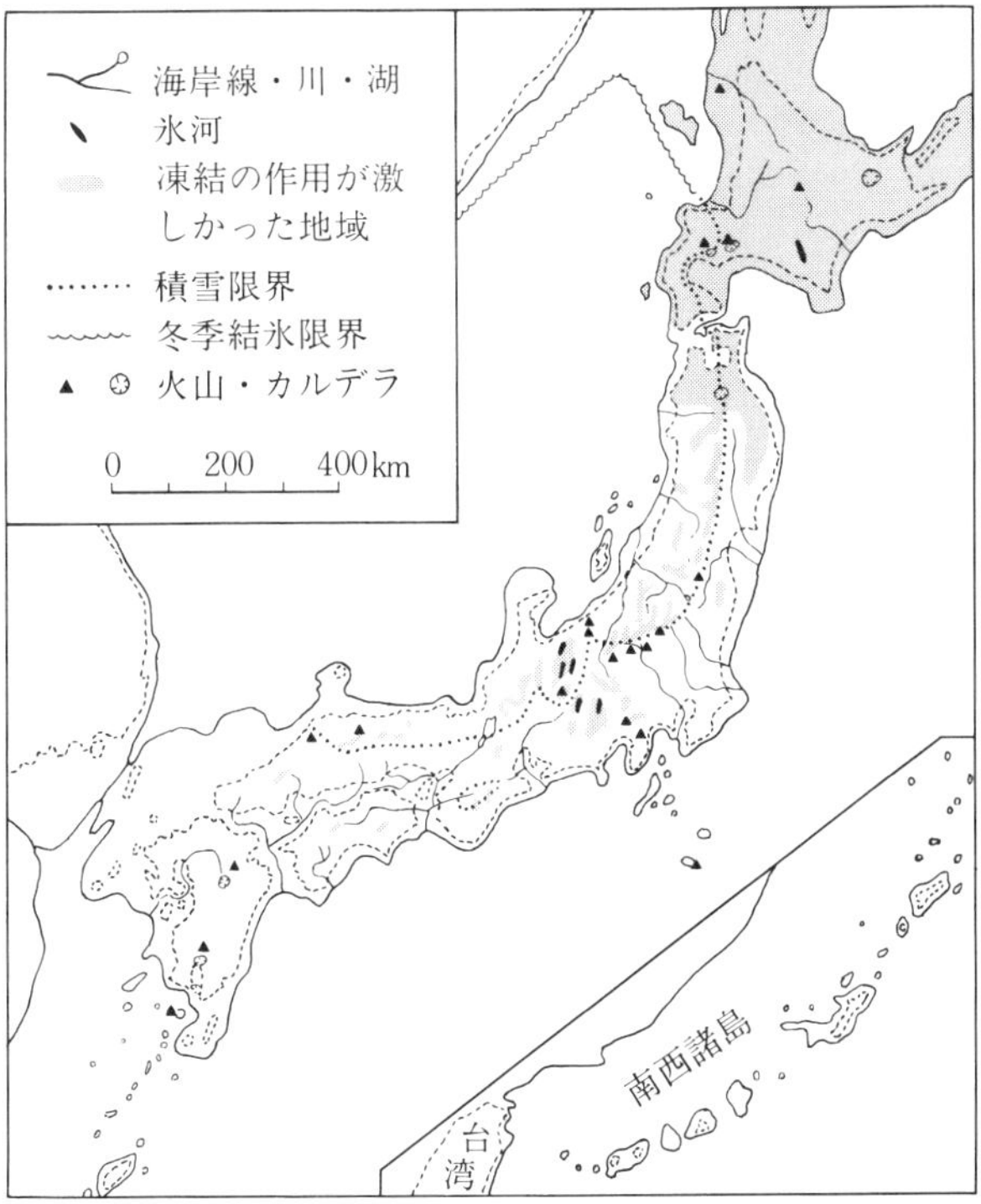

図5 最後の氷河期の日本．最後の氷河期の最も寒かった約2万年前のようす．現在の山地の地形はこの時期の影響を強く残しています．（貝塚爽平・成瀬洋，1977による）

もとは主に霜柱でボロボロになった畑の火山灰土です。北上山地ではこうして、地表面を薄くおおっていた火山灰土が霜柱と風でどんどんはがされてしまったのです。

牧草がしっかり根付いているところは根が絡まり合って土をおさえていますが、その深さはたかだか二〇センチメートルかそこらのものです。そこから下の土まで固定する働きをしていた森林はすでに伐り払われていますから、それより下の土を固定するようなものはもう何もありません。雨水の流れで掘り込まれたガリーの壁から、草の根の下の土がボロボロ崩れて風で吹き飛ばされていくと、その上の根の密なところは、ひさしのようになって張り出し、それが数十センチメートルまでになると、自分の重みに耐えられずにストンと落ちて裸地が広がっていきます。

土の厚さは数十センチメートル

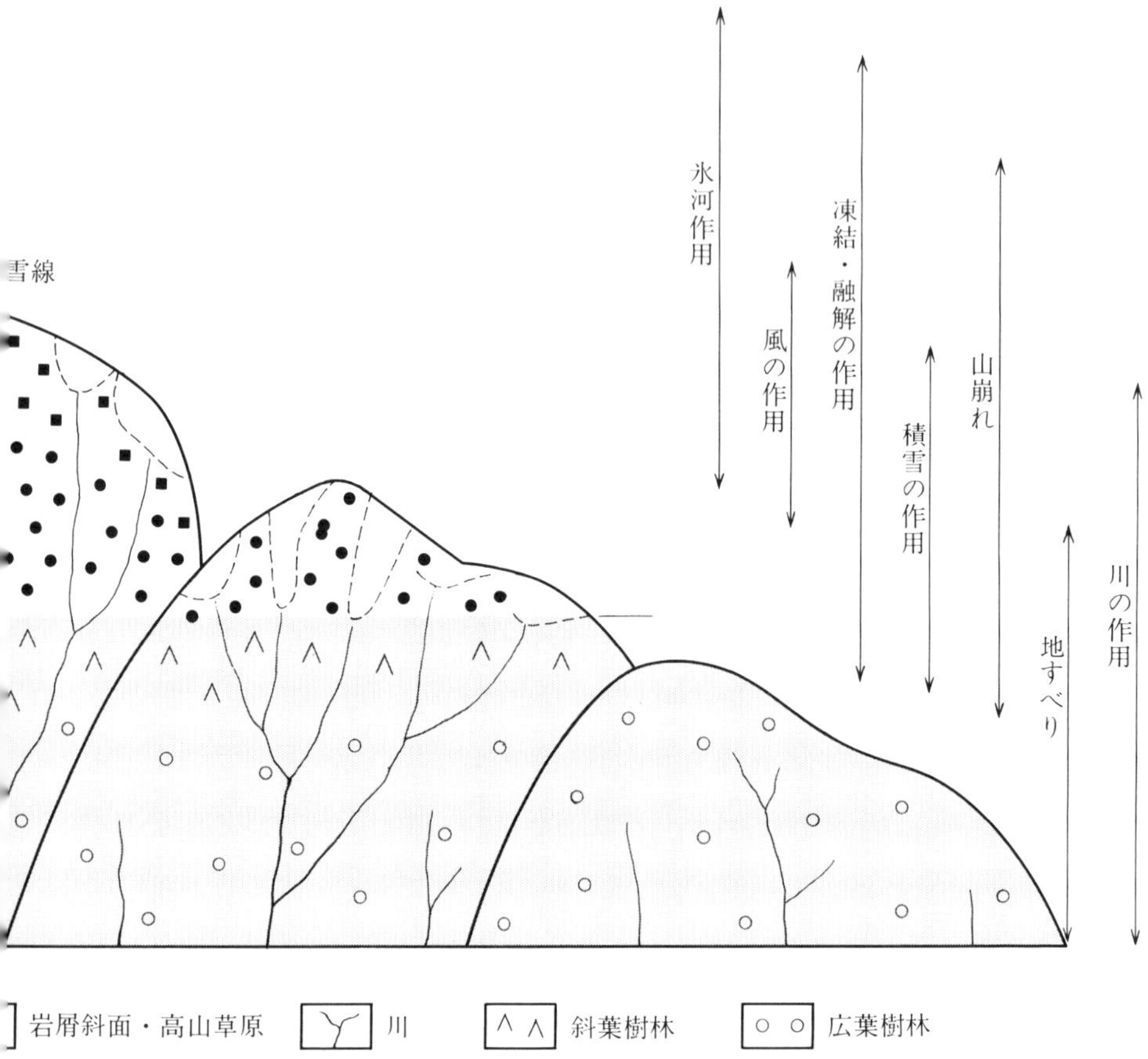

山で，たとえば北アルプスなどに相当します．右側はそれよりも低い，奥秩父や奥

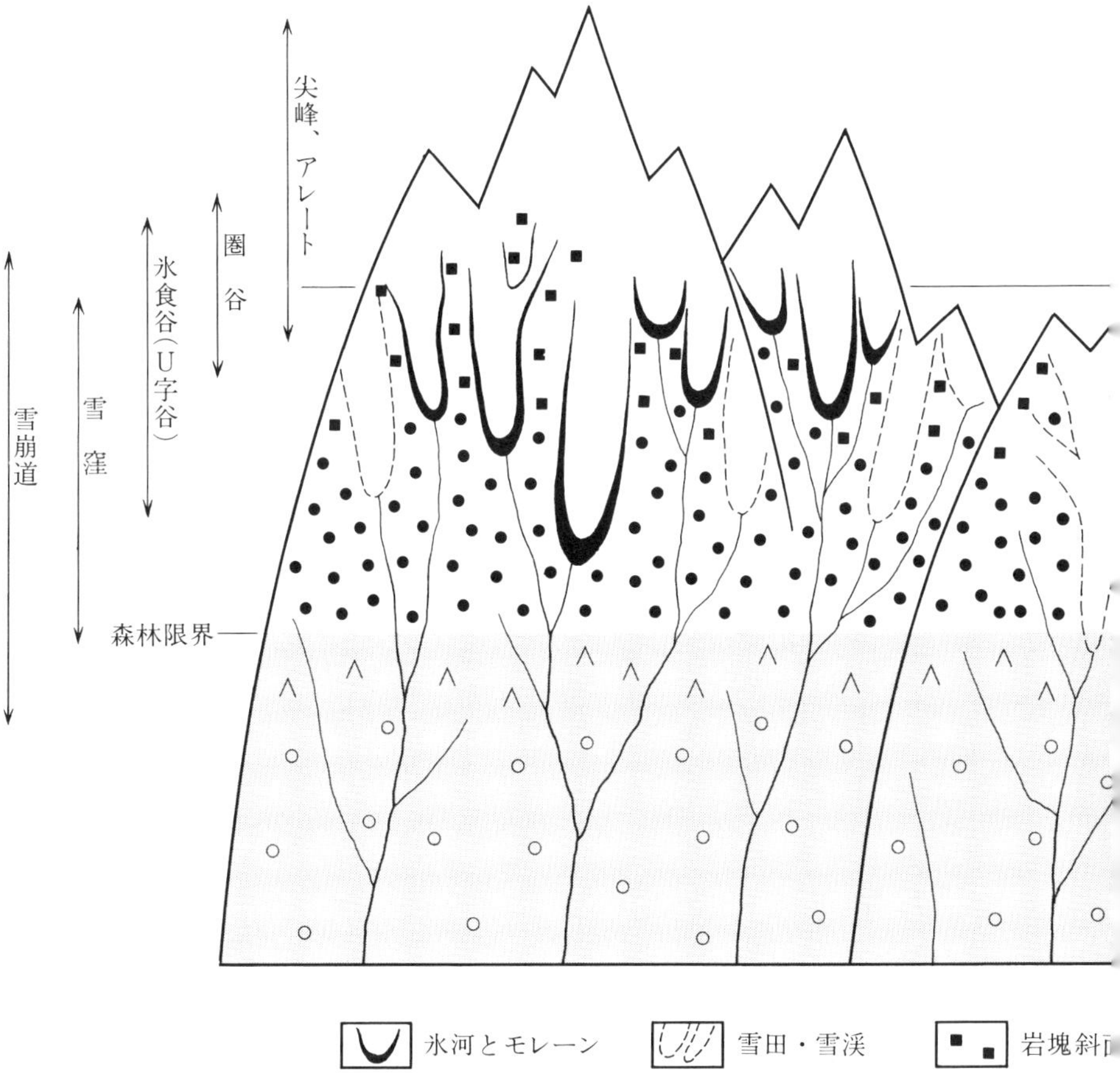

図 6　氷河期の日本の山地の姿．左側の高い山ほど氷河や凍結の作用を強く受けた
多摩の山々にあたります．（小疇尚，1988）

しかなく、その下からは十数センチメートルの角の尖った岩屑が出てきました。火山灰土の失われたあとは北アルプスの稜線の西側斜面と同じような、岩屑の斜面になってしまったのです。この岩屑は氷河時代に激しい凍結の作用によってできたもので、当時ここは高山植物が疎らに生えるだけの、殺風景な裸の山だったことを物語っています。それが人の手によって先祖帰りをしたのです。ガラガラの岩屑は上にかぶっていた土と植物のフトンをはぎとられて、再び凍結融解の作用で斜面を這い下っています。地面にペンキで直線を引いておいて、期間をおいて調べてみると年に数センチメートルの割で地表の岩屑が動いているのが確かめられました。こうなると植物が自力更生して緑がよみがえる見込みはほとんどありません。

氷河時代の北上山地は、おそらくこういう岩屑だらけの斜面が広がる、荒涼とした景観をみせていたに違いありません。約一万年前頃から気候が暖かくなり、氷河時代が終わるとともに、北上山地の森林限界がだんだん上がって、ここにもブナが茂るようになり、それが風を弱めて火山灰が飛ぶのをおさえ、豊かな緑がよみがえったのです。

氷河時代のあと、何千年もかかって、やっと安定したブナの森ができたのでしょうが、いま人間が木をきったために、部分的にではありますが氷河時代の頃の景観に舞い戻ってしまったのです。今から七万年前から一万年前までの最後の氷河期には日本アルプスや北海道の山に氷河が存在していただけでなく、日本の山地全体、国土の大半が今とは異なった環境にありました(図5、6)。氷河期以降の新しい環境での自然のバランスが成立してからまだそれほど時間がたっていないのです。

実は、丹沢や奥秩父、奥多摩といったようなそれほど高くなく、森林限界以下の東京近辺の山でも、一皮剝いてみると地面の中は北上山地と同じような岩屑で構成されているところが結構たくさんあります。そういうことで、自然を利用する際には、十分注意を払わなければ、こういう自然破壊の悪循環が始まって、なかなか元の豊かな自然の姿には戻らなくなってしまいます。快適な街の生活をそのまま山に持ち込んだり、都会からの発想で自然に手を加えたりするのではなく、山では謙虚に自然のルールに従いたいものです。それが最も理にかなった山との付き合い方ではないかと思います。

新装ワイド版あとがき

この本の初版が出版されてから一五年がたちました。このたび新装ワイド版として再び刊行されることになり、多くの方に読んでいただけることを嬉しく思っています。

本書は山の景観観察の入門書として書きましたので、専門用語をできるだけ使わないように心がけ、図の出典以外の文献や現在活躍中の研究者の氏名は割愛しました。大きな間違いはないと考えますので文章は旧版のままで手を加えずに文字のみの訂正にとどめ、旧版にはない参考図書のリストを巻末に加えました。

ただし、本文でふれたニュージーランドの最高峰マウントクックは、一九九一年一二月に頂上部分が大崩壊して高さが以前より一〇メートル低い三七五四メートルになりました。そして一九九八年に山の名称が、先住民マオリ族の山名を頭につけてアオラキ／マウントクックとすることにきまりました。なお、北アメリカ最高峰のマッキンリーは先住民の呼称がデナリで、一九八〇年に国立公園名がマッキンリーからデナリに変更されましたが、山名はそのままで変わっていません。

近年、山地の環境にさまざまな変化が見られようになりました。最後にそのことにふれておきたいと思います。

山の景観の変化でとくに注目されているのは、世界中でおこっている氷河の急速な後退です。なかでも小規模な山岳氷河は短期間の気候変化に敏感に反応する自然の寒暖計のようなものですから、近年の気温上昇が氷河の急激な縮小・後退の原因であることは明らかです。アルプスのマッターホルンとアイガーで相次いで発生した大規模な岩盤の崩壊も、硬く凍りついて永久凍土の状態にあった岩盤が、気温の上昇で融けて強度を失った結果発生したとみられています。人里離れた山の自然にも地球温暖化の影響が現れているのです。氷河のない日本の山ではそのような温暖化の影響は実感しにくいのですが、白馬岳の大雪渓上部付近で起こった大規模な土石流や岩盤崩壊も、それと無関係ではないかもしれません。

また日本の山では、しばらく前からシカの食害が目立つようになってきました。シカに樹皮をはがされて枯死した森林が各地に出現し、南アルプスでは高山植物のお花畑が全滅したところもあります。今では尾瀬ヶ原の湿原にまでシカが出没するようになっています。シカの増加は、人によるニホンオオカミの駆除によって天敵がなくなったのが遠因と考えられていますが、自然の均衡が乱されると思わぬところにまで影響がおよぶことを物語っています。

山地の環境はさまざまな要素の複雑かつ微妙なバランスの上に成り立っていて、私たちはそれをトータルな姿、すなわち景観としてとらえています。したがって山の環境変化は景観の変化として目に映ります。川の源である山地の環境の悪化は水資源の枯渇や、水質汚濁、洪水の頻発などを招きかねず、大勢の人が住む下流域に影響をあたえることが危惧されます。美しい山の景観を末永く楽しむためにも、自然の均衡を乱さないように心がけたいものです。

二〇〇七年六月

小疇 尚

図の出典

第 1 章

図 2　小疇尚(1986)：日本の山(日本の自然 2，貝塚爽平・鎮西清高編)，岩波書店，p. 23.

第 2 章

図 1，図 5　小疇尚(1982)：日本の高山地形，地理，27 巻，4 号，p. 13–20.

第 3 章

図 2　貝塚爽平(1977)：日本の地形，岩波新書，p. 142.

図 10　大森博雄(1986)：日本の川(日本の自然 3，阪口豊・高橋裕・大森博雄)，岩波書店，p. 229.

第 4 章

図 2　下川和夫(1988)：多雪景観の分布からみた東北日本の自然領域区分，札幌大学女子短期大学部紀要，12 号，p. 61–82.

第 5 章

図 10　小疇尚(1961)：日本の氷河周辺地形の研究，駿台史学，11 号，p. 179–196.

第 6 章

図 13　五百沢智也(1986)：日本の山(日本の自然 2，貝塚爽平・鎮西清高編)，岩波書店，p. 125.

第 7 章

図 5　貝塚爽平・成瀬洋(1977)：古地理の変遷(日本の第四紀研究，日本第四紀研究学会編)，東京大学出版会，p. 406.

図 6　小疇尚(1988)：第四紀後半の日本の山地の地形形成環境，第四紀研究，26 巻，p. 255–263.

清水長正編(2002)：百名山の自然学・東日本編，西日本編，古今書院.
＊日本山岳会編著(2005)：新日本山岳誌，ナカニシヤ出版.

【世界各地の山の自然を記述した本】

岩田修二・小疇尚・小野有五編(1995)：世界の山やま――アジア・アフリカ・オセアニア編，地理，40巻，9号増刊．世界の山やま――ヨーロッパ・アメリカ・両極編，地理，40巻，10号増刊.
貝塚爽平編(1997)：世界の地形，東京大学出版会.
＊酒井治孝編著(1997)：ヒマラヤの自然誌――ヒマラヤから日本列島を遠望する，東海大学出版会.
＊山本紀夫・稲村哲也編著(2000)：ヒマラヤの環境誌――山岳地域の自然とシェルパの世界，八坂書房.
＊梅棹忠夫・山本紀夫編(2004)：山の世界――自然・文化・暮らし，岩波書店.

参考図書

※最近15年間に出版された山の自然に関するおもな概説書.
＊印は自然以外の分野も含まれているもの.

【山の地形に重点がおかれた本】

田代博・藤本一美・清水長正・高田将志(1996)：山の地図と地形，山と渓谷社.

小疇尚(1999)：大地にみえる奇妙な模様(自然史の窓6)，岩波書店.

小疇尚研究室編(2005)：山に学ぶ──歩いて観て考える山の自然，古今書院.

【山の植生に重点がおかれた本】

小泉武栄(1993)：日本の山はなぜ美しい──山の自然学への招待，古今書院.

増沢武弘(1997)：高山植物の生態学，東京大学出版会.

増沢武弘(2002)：極限に生きる植物，中公新書.

水野一晴(1999)：高山植物と「お花畑」の科学，古今書院.

工藤岳編著(2000)：高山植物の自然史──お花畑の生態学，北海道大学図書刊行会.

梶本卓也・大丸裕武・杉田久志編(2002)：雪山の生態学，東海大学出版会.

【山の景観と環境問題を扱った本】

岩田修二(1997)：山とつきあう(自然環境とのつきあい方1)，岩波書店.

【日本各地の山の自然を記述した本】

貝塚爽平・鎮西清高編(1995)：日本の山(新版 日本の自然2)，岩波書店.

貝塚爽平・太田陽子ほか編(2001–2006)：日本の地形(全7巻)，東京大学出版会.

小泉武栄(1998)：山の自然学，岩波新書.

小泉武栄(2007)：自然を読み解く山歩き，JTBパブリッシング.

小泉武栄・清水長正編(1992)：山の自然学入門，古今書院.

小疇 尚
1935年兵庫県生まれ，中国山東省，北海道育ち．明治大学名誉教授．専門は自然地理学，地形学で，日本の山地のほかヒマラヤ，アンデス，スピッツベルゲン，カルパティア山脈などで研究してきた．主な著書に『大地にみえる奇妙な模様(自然史の窓 6)』(岩波書店)，『北海道(日本の自然・地域編 1)』(共編著，岩波書店)，『グラフィック 日本列島の20億年』(共著，岩波書店)，『写真と図でみる地形学』(共編著，東京大学出版会)，『北海道(日本の地形 2)』(共編著，東京大学出版会)，『山に学ぶ』(共編著，古今書院)などがある．

新装ワイド版 自然景観の読み方
山を読む

2007年7月5日 第1刷発行

著 者 小疇《こあぜ》 尚《たかし》

発行者 山口昭男

発行所 株式会社 岩波書店
〒101-8002 東京都千代田区一ツ橋 2-5-5
電話案内 03-5210-4000
http://www.iwanami.co.jp/

印刷・理想社 カバー・精興社 製本・中永製本

ISBN 978-4-00-007841-2 Printed in Japan